新学習指導要領対応（2022年度）

ドラゴン桜式

数学力ドリル
数学Ⅰ・A

10日間で基礎力がメキメキUP!

【監修】牛瀧文宏　三田紀房　コルク　モーニング編集部

JN051960

講談社

はじめに

　この計算ドリルは、主に高等学校の数学Iと数学Aで登場する計算内容をドリル練習するための問題集です。2022年度からの高等学校の新学習指導要領実施に準拠するように、今回内容をリニューアルしました。あくまでも計算ドリルですから、数学I・Aのすべての内容をカバーしているわけではありませんが、計算問題に関して代表的なものはほとんど網羅しています。まさに、「数学I・Aで必要な計算力を効果的に身につけたい！└（≧▼≦）┐」と思われる方にピッタリです。

　この数学I・Aドリルでの練習目標を一言でいうと、「数式をより自在に扱えるようにし、数学の理解へ繋げよう！」です。式の扱いに始まり、方程式や不等式、関数とその微分積分へと流れていく高校数学の系統の中では、計算練習を通じて数式や関数に慣れ、その結果、その性質や概念を体得実感できることが少なくありません。また、計算問題も高度なものになるにつれ、いくつもの考え方や操作が必要とされるので、計算練習がより高度な問題に入っていくためのとっかかりとなります。この意味で、この先の高校数学に立ち向かうための基礎体力を養うドリルなのです。

　また、概念の流れの上からも、計算力に幅を持たせるためにも、数学I・Aの内容を超えたものを若干取り上げてあります。しかし、これらの一歩進んだ内容でさえ、本書で計算練習を進めるうちに無理なく自分のものに出来ると思います。

　学習スタイルとしては、このドリルの問題をまずは自分のペースではじめ、何度も何度もくり返して練習することをおすすめします。問題数を抑えてある分、中身が濃いところがありますので、反復練習が効果的です。そしてできるだけ集中して解いてください。慣れてきたら早く正確に解くことを目指しましょう。問題のおおまかな難易度を6つの★で表してあります。学習を進める際の目安にしてください。★の数が多いほど難易度が高くなっています。★が6つの問題は、他の単元の知識を必要とします。ですから最初はとばし、あとで挑戦されることをおすすめします。

　最後になりましたが、学習者が陥りやすい間違いや、ちょっとしたヒント、素朴な疑問とその答えなどを「ドラゴン桜」のキャラクターたちが語っています。彼らも同じ高校生です。いっしょに楽しく勉強を進めてください。

2022年4月18日

監修者　牛瀧文宏

目 次
CONTENTS

ブックデザイン──安田あたる
本文イラスト───三田紀房・TS スタジオ

　倒産の危機に瀕している私立龍山高等学校。この高校の債権整理を任されて乗り込んできた弁護士・桜木建二は，急に気を変えて再建策を打ち出す。それは「5年後，東大合格者を 100 人出す！」という超進学校化プランだった。その手はじめとして，1 年後の春に最低でも 1 人の東大合格者を出すという。

　しかし，龍山高校のレベルは低く，受験での大学合格者が出ればほとんど奇跡という状態。しかも教師陣からは，進学校化プランへの不満や抵抗，反発が次々と出る。

　桜木は「特別進学クラス（特進クラス）」をつくり，自ら高 3 特進クラスの担任となる。集まった生徒は水野直美と矢島勇介の 2 人。しかし 2 人とも成績は最低，まともに机に向かったことすらない生徒だった。

　桜木によって各教科に優れた教師が招聘される。数学担当として桜木がみこんだのは，受験数学で伝説的な人物の柳鉄之介である。柳の指導のもと，特訓の日々がはじまった。

桜木建二

特別進学クラスの責任者。本来は弁護士でクラスでは社会科を担当。各教科の教師たちとの連携をつねに意識し実践中。効果的な方法を柔軟にとりいれる。

柳鉄之介

抜群の東大進学実績をほこっていた伝説の受験塾"柳塾"の塾長。授業はスパルタ式でよく怒鳴る。実は，生徒に実力がつくよう細やかな工夫をおこたらない人物。

水野直美

龍山高校の 3 年生。ひょんなことから立ち止まって自らの環境を考え，現状の打破のため特進クラスへ。数学は大の苦手。柳の指導で練習の重要性を理解しはじめ，計算問題を特訓している。

矢島勇介

龍山高校の 3 年生。親を見返そうと特進クラスで東大を目指す。数学は全部不得意だと自分で思い込んでいたが，基礎の練習をくり返すうちに，何が弱点なのかはっきりしてきた。

1限目 多項式の計算

▶次の式を展開せよ。【1問25点】

(1) $(x+y-1)(x+y-2) =$

(2) $(x+y)^2 - (x-y)^2 =$

(3) $(1+\sqrt{2}+\sqrt{3})(1+\sqrt{2}-\sqrt{3}) =$

(4) $(x-2y)^3 =$

答えは次のページ

ヒントをやろう。
$(a-b)^3$ の展開では，b が奇数個かかっている項がマイナスになる。

桜木MEMO

高校で新しく登場する乗法公式（展開公式）（数学Ⅱで習うものも含む）

$(ax+b)(cx+d) = acx^2 + (ad+bc)x + bd$　　$(a+b+c)^2 = a^2+b^2+c^2+2ab+2bc+2ca$

$(a+b)(a^2-ab+b^2) = a^3+b^3$　　$(a+b)^3 = a^3+3a^2b+3ab^2+b^3$

$(a-b)(a^2+ab+b^2) = a^3-b^3$　　$(a-b)^3 = a^3-3a^2b+3ab^2-b^3$

　　　　　点

　　　　　点

　　　　　点

目標タイム **2分**　1回目　　分　　秒　2回目　　分　　秒　3回目　　分　　秒

多項式の計算

(1) $(x+y-1)(x+y-2)$
  $= (x+y)^2 - 3(x+y) + 2$
  $= (x^2 + 2xy + y^2) - 3x - 3y + 2$
  $= \boldsymbol{x^2 + 2xy + y^2 - 3x - 3y + 2}$

(2) $(x+y)^2 - (x-y)^2$
  $= \{(x+y)+(x-y)\}\{(x+y)-(x-y)\}$
  $= 2x \cdot 2y$
  $= \boldsymbol{4xy}$

(3) $(1 + \sqrt{2} + \sqrt{3})(1 + \sqrt{2} - \sqrt{3})$
  $= \{(1+\sqrt{2}) + \sqrt{3}\}\{(1+\sqrt{2}) - \sqrt{3}\}$
  $= (1+\sqrt{2})^2 - (\sqrt{3})^2$
  $= 1 + 2\sqrt{2} + 2 - 3$
  $= \boldsymbol{2\sqrt{2}}$

(4) $(x-2y)^3$
  $= x^3 - 3x^2(2y) + 3x(2y)^2 - (2y)^3$
  $= \boldsymbol{x^3 - 6x^2 y + 12xy^2 - 8y^3}$

(4)って3乗があって面倒だと思ったら公式があるのね。知らなかった。

本当は数学Ⅱの範囲だからな。しかし，根気強く計算してもできるだろ。実はこんなのより難しい数学Ⅰの計算も多いぞ。

多項式の計算
ホップ！ステップ！

☆ドラ義語録 ☆

処理能力とスピードをいかに身につけるか。そのための基礎トレーニングが計算と公式だ！（第2巻）

1 ▶次の式を展開せよ。【(1)，(2)各 10 点，(3)〜(6)各 15 点】

(1) $(2x+y+1)^2 =$

(2) $(x+3y-z)^2 =$

(3) $(x+2y+7)(x+2y-7) =$

(4) $(4x+y+3)(4x-y-3) =$

(5) $(x+3)(x^2+9)(x-3) =$

(6) $(x+2)^2(x-2)^2 =$

2 ▶次の式を計算せよ。【1 問 10 点】

(1) $(6+\sqrt{3}+\sqrt{2})^2 =$

(2) $(8+\sqrt{2}+\sqrt{3})(8+\sqrt{2}-\sqrt{3}) =$

点
点
点

答えは次のページ 👉

目標タイム **4** 分 ｜ 1回目　分　秒 ｜ 2回目　分　秒 ｜ 3回目　分　秒

1 (1)　　$(2x+y+1)^2$
$= (2x)^2 + y^2 + 1^2 + 2\cdot2x\cdot y + 2\cdot y\cdot1 + 2\cdot1\cdot2x$
$= \boldsymbol{4x^2 + y^2 + 4xy + 4x + 2y + 1}$

(2)　　$(x+3y-z)^2$
$= (x)^2 + (3y)^2 + (-z)^2 + 2x(3y) + 2(3y)(-z) + 2(-z)x$
$= \boldsymbol{x^2 + 9y^2 + z^2 + 6xy - 6yz - 2zx}$

(3)　　$(x+2y+7)(x+2y-7)$
$= (x+2y)^2 - 49$
$= \boldsymbol{x^2 + 4xy + 4y^2 - 49}$

(4)　　$(4x+y+3)(4x-y-3)$
$= 16x^2 - (y+3)^2$
$= \boldsymbol{16x^2 - y^2 - 6y - 9}$

(5)　　$(x+3)(x^2+9)(x-3)$
$= \{(x+3)(x-3)\}(x^2+9)$
$= (x^2-9)(x^2+9)$
$= \boldsymbol{x^4 - 81}$

(6)　　$(x+2)^2(x-2)^2$
$= (x^2-4)^2$
$= \boldsymbol{x^4 - 8x^2 + 16}$

2 (1)　　$(6+\sqrt{3}+\sqrt{2})^2$
$= 6^2 + (\sqrt{3})^2 + (\sqrt{2})^2 + 2\cdot6\sqrt{3} + 2\sqrt{3}\cdot\sqrt{2} + 2\sqrt{2}\cdot6$
$= 36 + 3 + 2 + 12\sqrt{3} + 2\sqrt{6} + 12\sqrt{2}$
$= \boldsymbol{41 + 12\sqrt{2} + 12\sqrt{3} + 2\sqrt{6}}$

また式の途中のプラスやマイナスの記号ははっきり書きこまめに確認する

(2)　　$(8+\sqrt{2}+\sqrt{3})(8+\sqrt{2}-\sqrt{3})$
$= (8+\sqrt{2})^2 - (\sqrt{3})^2$
$= 64 + 16\sqrt{2} + 2 - 3$
$= \boldsymbol{63 + 16\sqrt{2}}$

多項式の計算
ジャンプ！

1 ▶次の式を展開せよ。【1問15点】

(1) $(x+3)(x+1)(x-4)(x-2)=$

(2) $(x-3)^2(x-1)^2=$

(3) $(x+y)^2+2(x^2-y^2)+(x-y)^2=$

(4) $(x+y+z)(-x+y+z)(x-y+z)(x+y-z)=$

2 ▶次の式を展開せよ。【1問10点】

(1) $(x+5y)^3=$

(2) $(3x-y)^3=$

(3) $(x-3)(x^2+3x+9)=$

(4) $(x+2y)(x^2-2xy+4y^2)=$

点
点
点

答えは次のページ 🖝

目標タイム **10分**	1回目	分 秒	2回目	分 秒	3回目	分 秒

1 (1) $(x+3)(x+1)(x-4)(x-2)$
$= \{(x+1)(x-2)\}\{(x+3)(x-4)\}$
$= (x^2-x-2)(x^2-x-12)$
$= (x^2-x)^2-(2+12)(x^2-x)+(-2)\cdot(-12)$
$= \boldsymbol{x^4-2x^3-13x^2+14x+24}$

(2) $(x-3)^2(x-1)^2$
$= (x^2-4x+3)^2$
$= (x^2)^2+(-4x)^2+3^2+2x^2(-4x)+2\cdot(-4x)\cdot3+2\cdot3\cdot x^2$
$= \boldsymbol{x^4-8x^3+22x^2-24x+9}$

(3) $(x+y)^2+2(x^2-y^2)+(x-y)^2 = (x+y)^2+2(x+y)(x-y)+(x-y)^2$
$\qquad\qquad\qquad\qquad = \{(x+y)+(x-y)\}^2 = (2x)^2 = \boldsymbol{4x^2}$

(4) $(x+y+z)(-x+y+z)(x-y+z)(x+y-z)$
$= \{(x+y)+z\}\{(x+y)-z\}\{z-(x-y)\}\{z+(x-y)\}$
$= \{(x+y)^2-z^2\}\{z^2-(x-y)^2\} = (x^2+2xy+y^2-z^2)(z^2-x^2+2xy-y^2)$
$= \{2xy+(x^2+y^2-z^2)\}\{2xy-(x^2+y^2-z^2)\} = 4x^2y^2-(x^2+y^2-z^2)^2$
$= \boldsymbol{-x^4-y^4-z^4+2x^2y^2+2y^2z^2+2z^2x^2}$

2 (1) $(x+5y)^3$
$= x^3+3x^2(5y)+3x(5y)^2+(5y)^3$
$= \boldsymbol{x^3+15x^2y+75xy^2+125y^3}$

(2) $(3x-y)^3$
$= (3x)^3-3\cdot(3x)^2y+3\cdot(3x)y^2-y^3$
$= \boldsymbol{27x^3-27x^2y+9xy^2-y^3}$

(3) $(x-3)(x^2+3x+9)$
$= x^3-3^3$
$= \boldsymbol{x^3-27}$

(4) $(x+2y)(x^2-2xy+4y^2)$
$= x^3+(2y)^3$
$= \boldsymbol{x^3+8y^3}$

因数分解

☆ドラ桜語録☆

公式を覚える時に一通りの証明を一緒に覚えても効果は薄い。自分で他の証明方法がないか考え抜いてみることで、その公式をより深く理解できるぞ。(第6巻)

▶次の式を因数分解せよ。【1問25点】

(1) $2x^2 - 5x + 2 =$

(2) $(9x + 4y)^2 - (3x - 7y)^2 =$

(3) $x^2 - 2x + 1 - 4y^2 =$

(4) $a^3 + 27b^3 =$

答えは次のページ

(2)では展開しないで
公式をうまく使うことを考えるといい。

桜木MEMO

乗法公式を右辺から見ると，因数分解の公式として使える。

	点
	点
	点

目標タイム **4分** | 1回目 　分　　秒 | 2回目 　分　　秒 | 3回目 　分　　秒

(1) $2x^2 - 5x + 2$

$= (2x-1)(x-2)$

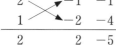

① x^2 の係数，定数項，x の係数を並べて書く。

② x^2 の係数を積の形に分解。

③ 定数項を積の形に分解。

④ ②と③の結果をたすきがけ状にかけ合わせ，その和が x の係数と等しくなれば OK。

(2) $(9x+4y)^2 - (3x-7y)^2$

$= \{(9x+4y)+(3x-7y)\}\{(9x+4y)-(3x-7y)\}$

$= (12x-3y)(6x+11y)$

$= 3(4x-y)(6x+11y)$

(3) $x^2 - 2x + 1 - 4y^2 = (x-1)^2 - (2y)^2$

$= \{(x-1)+2y\}\{(x-1)-2y\} = (x+2y-1)(x-2y-1)$

(4) $a^3 + 27b^3$

$= a^3 + (3b)^3 = (a+3b)(a^2-3ab+9b^2)$

高校の因数分解はキツイなぁ。
項の数も多いし……

複雑な式は「次数最低の文字で整理」してみろ。

因数分解
ホップ！

★★★☆☆☆

1回目	月	日
2回目	月	日
3回目	月	日

☆ドラ桜語録☆
起きてから3〜4時間後、最も脳は活発に動く。ここで数学をやるのが一番なのだ。（第1巻）

1 ▶次の式を因数分解せよ。【1問 10 点】

(1) $3x^2 + 7x + 4 =$

(2) $5x^2 + 4x - 12 =$

(3) $2x^2 - x - 6 =$

(4) $6x^2 - 7x - 24 =$

2 ▶次の式を因数分解せよ。【1問 15 点】

(1) $8x^3 + y^3 =$

(2) $64a^3 - 125b^3 =$

(3) $8a^3 - 60a^2 b + 150ab^2 - 125b^3 =$

(4) $216a^3 + 756a^2 b + 882ab^2 + 343b^3 =$

点

点

点

答えは次のページ 👉

因数分解

1 (1) $3x^2 + 7x + 4$
$= (x+1)(3x+4)$

$$\begin{array}{ccc} 1 & 1 & 3 \\ 3 & 4 & 4 \\ \hline 3 & 4 & 7 \end{array}$$

(2) $5x^2 + 4x - 12$
$= (x+2)(5x-6)$

$$\begin{array}{ccc} 1 & 2 & 10 \\ 5 & -6 & -6 \\ \hline 5 & -12 & 4 \end{array}$$

(3) $2x^2 - x - 6$
$= (2x+3)(x-2)$

$$\begin{array}{ccc} 2 & 3 & 3 \\ 1 & -2 & -4 \\ \hline 2 & -6 & -1 \end{array}$$

(4) $6x^2 - 7x - 24$
$= (3x-8)(2x+3)$

$$\begin{array}{ccc} 3 & -8 & -16 \\ 2 & 3 & 9 \\ \hline 6 & -24 & -7 \end{array}$$

2 (1) $8x^3 + y^3$
$= (2x)^3 + y^3 = (2x+y)\{(2x)^2 - 2x \cdot y + y^2\}$
$= (2x+y)(4x^2 - 2xy + y^2)$

(2) $64a^3 - 125b^3$
$= (4a)^3 - (5b)^3$
$= (4a-5b)\{(4a)^2 + 4a \cdot 5b + (5b)^2\}$
$= (4a-5b)(16a^2 + 20ab + 25b^2)$

(3) $8a^3 - 60a^2 b + 150ab^2 - 125b^3$
$= (2a)^3 - 3 \cdot (2a)^2 \cdot 5b + 3 \cdot 2a \cdot (5b)^2 - (5b)^3$
$= (2a-5b)^3$

(4) $216a^3 + 756a^2 b + 882ab^2 + 343b^3$
$= (6a)^3 + 3 \cdot (6a)^2 \cdot 7b + 3 \cdot 6a \cdot (7b)^2 + (7b)^3$
$= (6a+7b)^3$

因数分解

ステップ！

▶次の式を因数分解せよ。【(1)〜(4)各 15 点，(5)，(6)各 20 点】

(1)　$a^2 + 25b^2 + 49c^2 + 10ab + 70bc + 14ac =$

(2)　$x^2 + 4y^2 + 16z^2 - 4xy + 16yz - 8xz =$

(3)　$x^2 - y^2 - 4x + 6y - 5 =$

(4)　$2x^2 - 3xy - 2y^2 + x + 3y - 1 =$

(5)　$4a^2 + b^2 + c^2 + 5ab + 2bc + 5ac =$

(6)　$2a^2 + 5ab - 7ac + 3b^2 - 7bc =$

 答えは次のページ

点
点
点

ドラ校語録 ☆ 必死に全力で粘れっ！ テストは最後の一秒までが戦いなんだ！（第2巻）

(1)　$a^2+25b^2+49c^2+10ab+70bc+14ac$

$= a^2+(5b)^2+(7c)^2+2 \cdot a \cdot 5b+2 \cdot 5b \cdot 7c+2 \cdot 7c \cdot a$

$= \boldsymbol{(a+5b+7c)^2}$

(2)　$x^2+4y^2+16z^2-4xy+16yz-8xz$

$= x^2+(-2y)^2+(-4z)^2+2 \cdot x \cdot (-2y)+2 \cdot (-2y) \cdot (-4z)+2 \cdot (-4z) \cdot x$

$= \boldsymbol{(x-2y-4z)^2}$

(3)　$x^2-y^2-4x+6y-5 = x^2-4x-(y^2-6y+5)$

$= x^2-4x-(y-5)(y-1)$

$= \{x+(y-5)\}\{x-(y-1)\}$

$= \boldsymbol{(x+y-5)(x-y+1)}$

別解

$x^2-y^2-4x+6y-5 = (x^2-4x+4)-(y^2-6y+9)$

$= (x-2)^2-(y-3)^2 = \{(x-2)+(y-3)\}\{(x-2)-(y-3)\}$

$= \boldsymbol{(x+y-5)(x-y+1)}$

(4)　$2x^2-3xy-2y^2+x+3y-1 = 2x^2+(1-3y)x-(2y^2-3y+1)$

$= 2x^2+(1-3y)x-(2y-1)(y-1)$

$= \boldsymbol{(x-2y+1)(2x+y-1)}$

(5)　$4a^2+b^2+c^2+5ab+2bc+5ac$

$= 4a^2+5(b+c)a+b^2+2bc+c^2$

$= 4a^2+5(b+c)a+(b+c)^2$

$= \boldsymbol{(4a+b+c)(a+b+c)}$

別解

$4a^2+b^2+c^2+5ab+2bc+5ac$

$= 3a^2+3ab+3ac$

$\quad +a^2+b^2+c^2+2ab+2bc+2ac$

$= 3a(a+b+c)+(a+b+c)^2$

$= \boldsymbol{(4a+b+c)(a+b+c)}$

(6)　$2a^2+5ab-7ac+3b^2-7bc$

$= 2a^2+(5b-7c)a+b(3b-7c)$

$= \boldsymbol{(a+b)(2a+3b-7c)}$

別解

$2a^2+5ab-7ac+3b^2-7bc = 2a^2+5ab+3b^2-7c(a+b)$

$= (a+b)(2a+3b)-7c(a+b)$

$= \boldsymbol{(a+b)(2a+3b-7c)}$

因数分解
ジャンプ！

★★★★★☆

1回目	月	日
2回目	月	日
3回目	月	日

ドラえもん語録 ☆

数字を見たらすぐ足したり引いたりするクセをつけると、計算力は格段に上がる。（第6巻）

▶次の式を因数分解せよ。【(1)〜(4)各 10 点，(5)〜(8)各 15 点】

(1) $x^4 - y^4 =$

(2) $x^4 - 5x^2 + 4 =$

(3) $x^4 + x^2 + 1 =$

(4) $x^4 - 6x^2 y^2 + y^4 =$

(5) $(2x - y + 2)(x + 2y) - (4x^2 - 4xy + y^2 - 4) =$

(6) $(a + b - 1)(ab - a - b) + ab =$

(7) $a^2 b + b^2 c - b^3 - a^2 c =$

(8) $(a + b)c^2 + (b + c)a^2 + (c + a)b^2 + 2abc =$

点

点

点

答えは次のページ 👉

因数分解

ジャンプ　解答

(1) $x^4 - y^4 = (x^2)^2 - (y^2)^2 = (x^2 + y^2)(x^2 - y^2)$
$= \boldsymbol{(x^2 + y^2)(x + y)(x - y)}$

(2) $x^4 - 5x^2 + 4 = (x^2)^2 - 5x^2 + 4 = (x^2 - 4)(x^2 - 1)$
$= \boldsymbol{(x + 2)(x - 2)(x + 1)(x - 1)}$

(3) $x^4 + x^2 + 1 = (x^4 + 2x^2 + 1) - x^2 = (x^2 + 1)^2 - x^2$
$= \boldsymbol{(x^2 + x + 1)(x^2 - x + 1)}$

(4) $x^4 - 6x^2 y^2 + y^4 = (x^4 - 2x^2 y^2 + y^4) - 4x^2 y^2$
$= (x^2 - y^2)^2 - (2xy)^2$
$= \boldsymbol{(x^2 + 2xy - y^2)(x^2 - 2xy - y^2)}$

(5) $(2x - y + 2)(x + 2y) - (4x^2 - 4xy + y^2 - 4)$
$= \{(2x - y) + 2\}(x + 2y) - \{(2x - y)^2 - 2^2\}$
$= \{(2x - y) + 2\}(x + 2y) - \{(2x - y) + 2\}\{(2x - y) - 2\}$
$= \{(2x - y) + 2\}\{(x + 2y) - (2x - y - 2)\} = \boldsymbol{(2x - y + 2)(-x + 3y + 2)}$

(6) $(a + b - 1)(ab - a - b) + ab$
$= \{(a + b) - 1\}\{ab - (a + b)\} + ab$
$= (a + b)ab - ab - (a + b)^2 + (a + b) + ab$
$= (a + b)(ab - a - b + 1) = \boldsymbol{(a + b)(a - 1)(b - 1)}$

(7) $a^2 b + b^2 c - b^3 - a^2 c = (a^2 - b^2)b - (a^2 - b^2)c$
$= \boldsymbol{(a + b)(a - b)(b - c)}$

(8) $(a + b)c^2 + (b + c)a^2 + (c + a)b^2 + 2abc$
$= (b + c)a^2 + (b^2 + 2bc + c^2)a + (bc^2 + b^2 c)$
$= (b + c)a^2 + (b + c)^2 a + bc(b + c)$
$= (b + c)\{a^2 + (b + c)a + bc\}$
$= \boldsymbol{(a + b)(b + c)(c + a)}$

1 ▶次の2次方程式を解け。【1問20点】

(1)　$2x^2 - 5x + 2 = 0$　　　(2)　$x^2 - 6x + 1 = 0$

2 ▶2次方程式 $x^2 + 2x - 6 = 0$ の2つの解を α, β とするとき，次を求めよ。【1問15点】

(1)　$\alpha + \beta =$　　　(2)　$\alpha\beta =$

(3)　$\alpha^2 + \beta^2 =$　　　(4)　$\dfrac{1}{\alpha} + \dfrac{1}{\beta} =$

答えは次のページ

―解と係数の関係―

2次方程式 $ax^2 + bx + c = 0$ の2つの解を α, β とするとき，

$$\alpha + \beta = -\frac{b}{a}, \quad \alpha\beta = \frac{c}{a}$$

桜木MEMO

$ax^2 + bx + c = 0$（$a \neq 0$）の**解の公式**　$x = \dfrac{-b \pm \sqrt{b^2 - 4ac}}{2a}$

とくに $b = 2b'$ のときには $x = \dfrac{-b' \pm \sqrt{b'^2 - ac}}{a}$

	点
	点
	点

目標タイム　3分　| 1回目　分　秒 | 2回目　分　秒 | 3回目　分　秒 |

2 次方程式と解と係数の関係

1 (1) $2x^2-5x+2=0$

$(2x-1)(x-2)=0$

$x=\dfrac{1}{2},\ 2$

別解 解の公式より

$x=\dfrac{-(-5)\pm\sqrt{(-5)^2-4\cdot2\cdot2}}{2\cdot2}$

$=\dfrac{5\pm3}{4}=2,\ \dfrac{1}{2}$

(2) 解の公式より

$x=\dfrac{-(-3)\pm\sqrt{(-3)^2-1\cdot1}}{1}$

$=3\pm2\sqrt{2}$

2 (1) $\alpha+\beta=-\dfrac{(x\text{の係数})}{(x^2\text{の係数})}$

$=-\dfrac{2}{1}=-2$

(2) $\alpha\beta=\dfrac{(\text{定数項})}{(x^2\text{の係数})}$

$=\dfrac{-6}{1}=-6$

(3) $\alpha^2+\beta^2=(\alpha+\beta)^2-2\alpha\beta$

$=(-2)^2-2\cdot(-6)=\mathbf{16}$ （(1)，(2)より）

(4) $\dfrac{1}{\alpha}+\dfrac{1}{\beta}=\dfrac{\beta}{\alpha\beta}+\dfrac{\alpha}{\alpha\beta}=\dfrac{\alpha+\beta}{\alpha\beta}$

$=\dfrac{-2}{-6}=\dfrac{1}{3}$ （(1)，(2)より）

解がわかるのに，なんで
解の和や積まで考えるの？

この方が問題を簡単に解ける場合がある。
たとえば放物線が直線から切り取る線分の長さ
を求める問題とかだな。

2次方程式と解と係数の関係
ホップ！

★☆☆☆☆☆

1回目	月	日
2回目	月	日
3回目	月	日

☆ドラ数語録 ☆

試験に出るどんな問題も本質的には基礎問題の変形バージョンに過ぎないんだ。（第17巻）

▶次の2次方程式を解け。【1問10点】

(1) $3x^2 - 6x + 3 = 0$

(2) $2x^2 - 6x - 8 = 0$

(3) $-2x^2 - 3x + 5 = 0$

(4) $4x^2 + 12x + 9 = 0$

(5) $3x^2 + 5x + 1 = 0$

(6) $x^2 + 4x - 9 = 0$

(7) $-x^2 - x + 3 = 0$

(8) $5x^2 + x - 2 = 0$

(9) $\dfrac{1}{3}x^2 - x + \dfrac{1}{2} = 0$

(10) $\dfrac{2}{5}x^2 - \dfrac{6}{5}x - 4 = 0$

点
点
点

答えは次のページ ☞

目標タイム **6** 分　1回目　　分　　秒　2回目　　分　　秒　3回目　　分　　秒

(1) 　$3x^2 - 6x + 3 = 0$
　の両辺を $\frac{1}{3}$ 倍して
$$x^2 - 2x + 1 = 0$$
$$(x-1)^2 = 0$$
$$x = 1$$

(2) 　$2x^2 - 6x - 8 = 0$
　の両辺を $\frac{1}{2}$ 倍して
$$x^2 - 3x - 4 = 0$$
$$(x+1)(x-4) = 0$$
$$x = -1,\ 4$$

(3) 　$-2x^2 - 3x + 5 = 0$
$$-(x-1)(2x+5) = 0$$
$$x = 1,\ -\frac{5}{2}$$

(4) 　$4x^2 + 12x + 9 = 0$
$$(2x+3)^2 = 0$$
$$x = -\frac{3}{2}$$

(5) 　解の公式より
$$x = \frac{-5 \pm \sqrt{5^2 - 4 \cdot 3 \cdot 1}}{2 \cdot 3}$$
$$= \frac{-5 \pm \sqrt{13}}{6}$$

(6) 　解の公式より
$$x = \frac{-2 \pm \sqrt{2^2 - 1 \cdot (-9)}}{1}$$
$$= -2 \pm \sqrt{13}$$

(7) 　$-x^2 - x + 3 = 0$
　の両辺を (-1) 倍して
$$x^2 + x - 3 = 0$$
　解の公式より
$$x = \frac{-1 \pm \sqrt{1^2 - 4 \cdot 1 \cdot (-3)}}{2}$$
$$= \frac{-1 \pm \sqrt{13}}{2}$$

(8) 　解の公式より
$$x = \frac{-1 \pm \sqrt{1^2 - 4 \cdot 5 \cdot (-2)}}{2 \cdot 5}$$
$$= \frac{-1 \pm \sqrt{41}}{10}$$

(9) 　$\frac{1}{3}x^2 - x + \frac{1}{2} = 0$ の両辺を 6 倍して
$$2x^2 - 6x + 3 = 0$$
$$x = \frac{-(-3) \pm \sqrt{(-3)^2 - 2 \cdot 3}}{2}$$
$$= \frac{3 \pm \sqrt{3}}{2}$$

(10) 　$\frac{2}{5}x^2 - \frac{6}{5}x - 4 = 0$ の両辺を $\frac{5}{2}$ 倍して
$$x^2 - 3x - 10 = 0$$
$$(x-5)(x+2) = 0$$
$$x = -2,\ 5$$

2次方程式と解と係数の関係
ステップ！

★★★☆☆

1回目	月	日
2回目	月	日
3回目	月	日

☆ドラ桜語録 ☆

何事もまず、型を身につけること。型からの発展が独創へとつながっていくのです。（第5巻）

1 ▶ 2次方程式 $x^2-6x+7=0$ の2つの解が α, β であるとき，次を求めよ。【1問10点】

(1) $\alpha+\beta=$

(2) $\alpha\beta=$

(3) $(\alpha-\beta)^2=$

2 ▶ 2次方程式 $x^2+5x+2=0$ の2つの解が α, β であるとき，次を求めよ。【1問10点】

(1) $\alpha^2\beta+\alpha\beta^2=$

(2) $\alpha^2+\beta^2=$

(3) $\dfrac{\beta}{\alpha}+\dfrac{\alpha}{\beta}=$

3 ▶ 2次方程式 $3x^2-6x-4=0$ の2つの解が α, β であるとき，次を求めよ。【1問10点】

(1) $\alpha+\beta=$

(2) $|\alpha-\beta|=$

(3) $\alpha^3+\beta^3=$

(4) α^2 と β^2 を解にもつ2次方程式

点
点
点

答えは次のページ

目標タイム **6分** | 1回目　　分　　秒 | 2回目　　分　　秒 | 3回目　　分　　秒

1 (1) $\alpha + \beta = -(-6) = 6$ (2) $\alpha\beta = 7$

(3) $(\alpha - \beta)^2 = \alpha^2 - 2\alpha\beta + \beta^2 = (\alpha + \beta)^2 - 4\alpha\beta$
$$= 6^2 - 4 \cdot 7 = 8 \quad ((1),\ (2) より)$$

2 (1) $\alpha^2\beta + \alpha\beta^2$ (2) $\alpha^2 + \beta^2$ (3) $\dfrac{\beta}{\alpha} + \dfrac{\alpha}{\beta}$
　　　　$= \alpha\beta(\alpha + \beta)$ 　　　$= (\alpha + \beta)^2 - 2\alpha\beta$ 　　　$= \dfrac{\beta^2 + \alpha^2}{\alpha\beta}$
　　　　$= 2 \times (-5)$ 　　　　$= (-5)^2 - 2 \cdot 2$ 　　　$= \dfrac{21}{2}$
　　　　$= -10$ 　　　　　$= 21$

3 (1) $\alpha + \beta$ (2) $|\alpha - \beta|$
　　　$= -\left(\dfrac{-6}{3}\right) = 2$ 　　$= \sqrt{(\alpha - \beta)^2} = \sqrt{(\alpha + \beta)^2 - 4\alpha\beta}$
　　　　　　　　　　　$= \sqrt{2^2 - 4 \cdot \left(-\dfrac{4}{3}\right)} = \dfrac{2\sqrt{21}}{3}$

(3) $\alpha^3 + \beta^3$
$$= (\alpha + \beta)^3 - 3\alpha\beta(\alpha + \beta)$$
$$= 8 - 3 \cdot \left(-\dfrac{4}{3}\right) \cdot 2 = 16$$

東大受験に参考書など必要ない！

(4) $\alpha^2 + \beta^2 = (\alpha + \beta)^2 - 2\alpha\beta$
$$= \dfrac{20}{3}$$
$\alpha^2\beta^2 = (\alpha\beta)^2$
$$= \dfrac{16}{9}$$

解と係数の関係により，求める方程式は
$$x^2 - \dfrac{20}{3}x + \dfrac{16}{9} = 0$$
$$9x^2 - 60x + 16 = 0$$

㊟この方程式を定数倍した方程式も正解ですが，できるだけ
係数が簡単なものを答えることが望ましいです。

2次方程式と解と係数の関係
ジャンプ！

1 ▶ 2次方程式の解が{　}内に示された数値となるように，a, bの値を定めよ。【1問10点】

(1) $x^2 - ax + b = 0$ $\{3, -1\}$

(2) $ax^2 + bx + 1 = 0$ $\left\{\dfrac{1}{2}, 3\right\}$

(3) $x^2 - ax + b = 0$ $\left\{\dfrac{1-\sqrt{3}}{2}, \dfrac{1+\sqrt{3}}{2}\right\}$

(4) $x^2 + ax + b = 0$ $\{2\sqrt{3}\}$

2 ▶ 2次方程式 $x^2 - 7x + 11 = 0$ の2つの解が α, β であるとき，次の問に答えよ。ただし，(2), (3), (4)は x^2 の係数が1の方程式を求めよ。【1問15点】

(1) $(\alpha + \beta - 2)^2$ を求めよ。

(2) $\alpha - 1$ と $\beta - 1$ を解とする2次方程式を求めよ。

(3) $(\alpha - \beta)^2$, $(\alpha + \beta)^2$ を解とする2次方程式を求めよ。

(4) α^3, β^3 を解とする2次方程式を求めよ。

答えは次のページ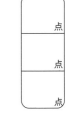

点
点
点

目標タイム **10分** | 1回目　分　秒 | 2回目　分　秒 | 3回目　分　秒

1 (1) $\begin{cases} 3+(-1)=a \\ 3\times(-1)=b \end{cases}$

答　$a=2,\ b=-3$

(2) $\begin{cases} \dfrac{1}{2}+3=-\dfrac{b}{a} \\ \dfrac{1}{2}\times 3=\dfrac{1}{a} \end{cases}$

答　$a=\dfrac{2}{3},\ b=-\dfrac{7}{3}$

(3) $\begin{cases} \dfrac{1-\sqrt{3}}{2}+\dfrac{1+\sqrt{3}}{2}=a \\ \dfrac{1-\sqrt{3}}{2}\times\dfrac{1+\sqrt{3}}{2}=b \end{cases}$

答　$a=1,\ b=-\dfrac{1}{2}$

(4) $\begin{cases} 2(2\sqrt{3})=-a \\ (2\sqrt{3})^2=b \end{cases}$

答　$a=-4\sqrt{3},\ b=12$

2 解と係数の関係より，$\alpha+\beta=7,\ \alpha\beta=11$

(1) $(\alpha+\beta-2)^2$
$=(7-2)^2$
$=25$

(2) $(\alpha-1)+(\beta-1)$　┊　$(\alpha-1)(\beta-1)$
$=\alpha+\beta-2$　┊　$=\alpha\beta-(\alpha+\beta)+1$
$=7-2=5$　┊　$=11-7+1=5$ より

答　$x^2-5x+5=0$

(3) $(\alpha-\beta)^2$　┊　$(\alpha+\beta)^2=49$ より
$=(\alpha+\beta)^2-4\alpha\beta$
$=5$

答　$x^2-54x+245=0$

(4) $\alpha^3+\beta^3$　┊　$\alpha^3\beta^3$
$=(\alpha+\beta)(\alpha^2-\alpha\beta+\beta^2)$　┊　$=(\alpha\beta)^3$
$=112$　┊　$=1331$ より

答　$x^2-112x+1331=0$

4限目 連立方程式

▶次の連立方程式を解け。【1問 50 点】

(1) $\begin{cases} x+2y+z = -3 \\ 3x+y+2z = 4 \\ 2x-3y-5z = 1 \end{cases}$

(2) $\begin{cases} x^2+y^2 = 1 \\ y-x = \dfrac{1}{5} \end{cases}$

答えは次のページ 👉

連立方程式は，文字を減らす方針で解くのが大原則だ !!

桜木MEMO

連立方程式は，直線や曲線の交点の座標を求めるときなどによく使われる。そして逆に，連立方程式を捉えるには図形的な見方も重要だ。

	点
	点
	点

目標タイム **6** 分 ｜ 1回目 　分　　秒 ｜ 2回目 　分　　秒 ｜ 3回目 　分　　秒

(1) $\begin{cases} x+2y+z=-3 & \cdots\cdots① \\ 3x+y+2z=4 & \cdots\cdots② \\ 2x-3y-5z=1 & \cdots\cdots③ \end{cases}$

①×2−②より $-x+3y=-10$ $\cdots\cdots④$

①×5+③より $7x+7y=-14$ $\cdots\cdots⑤$

④, ⑤より $x=1$, $y=-3$

これらを①に代入して $z=2$

答 $x=1$, $y=-3$, $z=2$

(2) $\begin{cases} x^2+y^2=1 & \cdots\cdots① \\ y-x=\dfrac{1}{5} & \cdots\cdots② \end{cases}$

②より $y=x+\dfrac{1}{5}$ $\cdots\cdots③$

③を①に代入して

$x^2+\left(x+\dfrac{1}{5}\right)^2=1 \Rightarrow 2x^2+\dfrac{2}{5}x+\dfrac{1}{25}-1=0 \Rightarrow 25x^2+5x-12=0$

$\Rightarrow (5x+4)(5x-3)=0$

ゆえに $x=-\dfrac{4}{5}$, $\dfrac{3}{5}$

それぞれを③に代入して $y=-\dfrac{3}{5}$, $\dfrac{4}{5}$

答 $\begin{cases} x=-\dfrac{4}{5} \\ y=-\dfrac{3}{5} \end{cases}$, $\begin{cases} x=\dfrac{3}{5} \\ y=\dfrac{4}{5} \end{cases}$

連立方程式って，式や文字がたくさんあってヤだなあ。

その気持ちはよくわかる。しかしな，文章題を解くときには文字をたくさん使う方が式を立てやすいぞ。

連立方程式
ホップ！

★★★★★★
1回目	月	日
2回目	月	日
3回目	月	日

☆ドラ鉄語録☆

問題とは……天から降ってくるものではなく、人間が考えて解く人のために作るのだ。（第2巻）

▶次の連立方程式を解け。【1問50点】

(1)
$$\begin{cases} 2x - y - z = 1 \\ 5x + 6y + 4z = 14 \\ 3x + y - 2z = -12 \end{cases}$$

(2)
$$\begin{cases} 4x + y + z = -4 \\ 3x + 2y - 4z = 1 \\ -9x - 3y - z = 5 \end{cases}$$

	点
	点
	点

答えは次のページ

(1) $\begin{cases} 2x-y-z=1 & \cdots\cdots① \\ 5x+6y+4z=14 & \cdots\cdots② \\ 3x+y-2z=-12 & \cdots\cdots③ \end{cases}$

①×4＋②より　$13x+2y=18$　$\cdots\cdots④$

①×2－③より　$x-3y=14$　$\cdots\cdots⑤$

④，⑤より　$x=2$，$y=-4$

これらを①に代入して　$z=7$

答　$x=2$，$y=-4$，$z=7$

(2) $\begin{cases} 4x+y+z=-4 & \cdots\cdots① \\ 3x+2y-4z=1 & \cdots\cdots② \\ -9x-3y-z=5 & \cdots\cdots③ \end{cases}$

①×4＋②より　$19x+6y=-15$　$\cdots\cdots④$

①＋③より　$-5x-2y=1$　$\cdots\cdots⑤$

④，⑤より　$x=-3$，$y=7$

これらを①に代入して　$z=1$

答　$x=-3$，$y=7$，$z=1$

連立方程式

ステップ！

★★★☆☆☆
1回目　　　月　　　日
2回目　　　月　　　日
3回目　　　月　　　日

ドラ桜語録 ☆　成長すれば自分を客観的に見ることができるようになる。（第6巻）

▶次の連立方程式を解け。【1問50点】

(1) $\begin{cases} y = 2x^2 - 13x + 21 \\ 3x - y = 3 \end{cases}$

(2) $\begin{cases} x^2 + y^2 = 5 \\ 2x + y = 3 \end{cases}$

点

点

点

答えは次のページ

目標タイム **5**分 | 1回目　　　分　　　秒 | 2回目　　　分　　　秒 | 3回目　　　分　　　秒

31

(1) $\begin{cases} y = 2x^2 - 13x + 21 & \cdots\cdots① \\ 3x - y = 3 & \cdots\cdots② \end{cases}$

②より $y = 3x - 3$ $\cdots\cdots③$

③を①に代入して

$3x - 3 = 2x^2 - 13x + 21 \Rightarrow 2x^2 - 13x - 3x + 21 + 3 = 0$

$\Rightarrow x^2 - 8x + 12 = 0 \Rightarrow (x-2)(x-6) = 0$

ゆえに $x = 2, 6$

それぞれを③に代入して $y = 3, 15$

答 $\begin{cases} x = 2 \\ y = 3 \end{cases}, \begin{cases} x = 6 \\ y = 15 \end{cases}$

(2) $\begin{cases} x^2 + y^2 = 5 & \cdots\cdots① \\ 2x + y = 3 & \cdots\cdots② \end{cases}$

②より $y = -2x + 3$ $\cdots\cdots③$

③を①に代入して

$x^2 + (-2x + 3)^2 = 5 \Rightarrow 5x^2 - 12x + 9 - 5 = 0 \Rightarrow 5x^2 - 12x + 4 = 0$

$\Rightarrow (x-2)(5x-2) = 0$

ゆえに $x = 2, \dfrac{2}{5}$

それぞれを③に代入して $y = -1, \dfrac{11}{5}$

答 $\begin{cases} x = 2 \\ y = -1 \end{cases}, \begin{cases} x = \dfrac{2}{5} \\ y = \dfrac{11}{5} \end{cases}$

連立方程式
ジャンプ！

★★★★★★

1回目	月	日
2回目	月	日
3回目	月	日

▶ k を定数とする。このとき x と y の連立方程式

$$\begin{cases} x^2 - y + k = 0 \\ y = kx - 3 \end{cases}$$

について次の問いに答えよ。

(1) この連立方程式の解がただ1組に定まるような k の値を求めよ。【40点】

(2) この連立方程式の解を (α_1, β_1), (α_2, β_2) とする。ただし、α_1 と α_2 は実数で $\alpha_1 \leqq \alpha_2$ とする。

　(i) α_1 と α_2 がともに正となるような k の値の範囲を求めよ（ヒント：実数 a, b がともに正 $\Leftrightarrow a + b > 0$, $ab > 0$）。【30点】

　(ii) $2 < \alpha_1 < 3 < \alpha_2 < 4$ となるような k の値の範囲を求めよ。【30点】

答えは次のページ

点

点

点

(1)　両式から y を消去して　$x^2-kx+k+3=0$　……①

　　①がただ1つの解をもつとき，もとの方程式はただ1組の解をもつので，判別式 D について，

$$D=(-k)^2-4\times(k+3)=k^2-4k-12=(k-6)(k+2)=0$$

　　よって　$k=6,\ -2$　　　　　　　　　　　　答　$k=6,\ -2$

(2)　(i)　$\alpha_1,\ \alpha_2$ は2次方程式①の2解である。

　　　　①が条件を満たすような解をもつための条件は，

$$\begin{cases}D\geqq0 & ……② \\ \alpha_1+\alpha_2>0 & ……③ \\ \alpha_1\alpha_2>0 & ……④\end{cases}$$

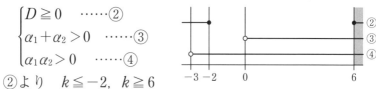

　　　　②より　$k\leqq-2,\ k\geqq6$

　　　　③については解と係数の関係を用いて　$k>0$

　　　　④については解と係数の関係を用いて　$k+3>0$

　　　　以上をまとめると　$k\geqq6$　　　　　　答　$\boldsymbol{k\geqq6}$

(2)　(ii)　①の左辺を $f(x)$ とおくとき，①が条件を満たすような解をもつための条件は，

$$\begin{cases}f(2)>0 & ……⑤ \\ f(3)<0 & ……⑥ \\ f(4)>0 & ……⑦\end{cases}$$

⑤より　$2^2-2k+k+3>0$ ➡ $k<7$

⑥より　$3^2-3k+k+3<0$ ➡ $k>6$

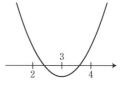

⑦より　$4^2-4k+k+3>0$ ➡ $k<\dfrac{19}{3}$

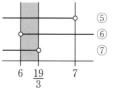

以上をまとめると　$6<k<\dfrac{19}{3}$

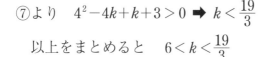

答　$\boldsymbol{6<k<\dfrac{19}{3}}$

☆ドラ桜語録☆

基礎学習が全ての根元でありまさに王道。まず基礎をしっかり固めるのが偏差値を上昇させる条件の一つだ。（第4巻）

▶次の不等式や連立不等式を解け。【1問25点】

(1)　$2x+3<9$

(2)　$-3x+5>-x-7$

(3)　$\begin{cases} -5x+4 \leqq -7x+12 \\ 3x+4 > 2x+5 \end{cases}$

(4)　$|x-3| \leqq 2$

答えは次のページ

たとえば$-2x>-12$の両辺を-2で割っても，$x>6$にはならない。
不等式の両辺に負の数を乗除すると，不等号の向きが変わる。

桜木MEMO

数量の間の大小関係を，不等号（$<$, $>$, $\leqq$, $\geqq$）を用いて表した式を不等式という。

点
点
点

目標タイム **2分** | 1回目　分　秒 | 2回目　分　秒 | 3回目　分　秒

1 次不等式

(1) $\quad 2x+3<9$

$\quad\quad 2x<6$

$\quad\quad\quad x<3$　　　　答　$x<3$

(2) $\quad -3x+5>-x-7$

$\quad\quad\quad -2x>-12$

$\quad\quad\quad\quad x<6$　　　答　$x<6$

(3) $\begin{cases} -5x+4 \leqq -7x+12 \\ 3x+4 > 2x+5 \end{cases}$

 $\begin{cases} x \leqq 4 \\ x > 1 \end{cases}$

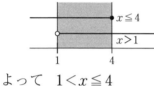

よって　$1<x\leqq4$

　　　　答　$1<x\leqq4$

(4) $|x-3|\leqq2$ から

$\quad\quad -2 \leqq x-3 \leqq 2$

であるので

$\begin{cases} x-3 \geqq -2 \\ x-3 \leqq 2 \end{cases}$ 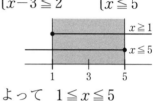 $\begin{cases} x \geqq 1 \\ x \leqq 5 \end{cases}$

よって　$1\leqq x\leqq5$

　　　答　$1\leqq x\leqq5$

別解

数直線上で 3 からの距離が 2 以下の範囲を考えても求められる。

不等式だと負の数をかけたり割ったりすると，不等号の向きが変わるのか。注意がいるなぁ。

そうだ。だから文字を係数にもつ不等式を解くには場合分けが必要だと考えろ。

1 次不等式
ホップ！

★★★★★
1回目　　月　　日
2回目　　月　　日
3回目　　月　　日

ドラ桜語録 ☆ 目線は高く持て！（第7巻）

▶次の不等式を解け。【(1)〜(4)各 10 点，(5)〜(8)各 15 点】

(1)　$-x+7 \leqq -3x-1$

(2)　$x-6 < 2x+4$

(3)　$3x+2 > 5x+1$

(4)　$-3x-4 > 2x-3$

(5)　$\dfrac{2}{3}x-1 \geqq 2x-\dfrac{1}{2}$

(6)　$5x-\dfrac{15}{2} \geqq -20x-\dfrac{5}{2}$

(7)　$3(x-2)+5 \leqq 2x-3$

(8)　$2\left(\dfrac{1}{3}x+\dfrac{1}{6}\right) > 3\left(\dfrac{1}{2}x-1\right)$

点
点
点

答えは次のページ

(1)　$-x+7 \leqq -3x-1$
$\qquad 2x \leqq -8$
$\qquad x \leqq -4$

$\qquad$ 答　$\boldsymbol{x \leqq -4}$

(2)　$x-6 < 2x+4$
$\qquad -x < 10$
$\qquad x > -10$

$\qquad$ 答　$\boldsymbol{x > -10}$

(3)　$3x+2 > 5x+1$
$\qquad -2x > -1$
$\qquad x < \dfrac{1}{2}$

$\qquad$ 答　$\boldsymbol{x < \dfrac{1}{2}}$

(4)　$-3x-4 > 2x-3$
$\qquad -5x > 1$
$\qquad x < -\dfrac{1}{5}$

$\qquad$ 答　$\boldsymbol{x < -\dfrac{1}{5}}$

(5)　$\dfrac{2}{3}x-1 \geqq 2x-\dfrac{1}{2}$
両辺を 6 倍して
$\qquad 4x-6 \geqq 12x-3$
$\qquad -8x \geqq 3$
$\qquad x \leqq -\dfrac{3}{8}$

$\qquad$ 答　$\boldsymbol{x \leqq -\dfrac{3}{8}}$

(6)　$5x-\dfrac{15}{2} \geqq -20x-\dfrac{5}{2}$
両辺を $\dfrac{2}{5}$ 倍して
$\qquad 2x-3 \geqq -8x-1$
$\qquad 10x \geqq 2$
$\qquad x \geqq \dfrac{1}{5}$

$\qquad$ 答　$\boldsymbol{x \geqq \dfrac{1}{5}}$

(7)　$3(x-2)+5 \leqq 2x-3$
$\qquad 3x-1 \leqq 2x-3$
$\qquad x \leqq -2$

$\qquad$ 答　$\boldsymbol{x \leqq -2}$

(8)　$2\left(\dfrac{1}{3}x+\dfrac{1}{6}\right) > 3\left(\dfrac{1}{2}x-1\right)$
両辺 $\times 6$ より
$\qquad 4x+2 > 9x-18$
$\qquad -5x > -20$
$\qquad x < 4$

$\qquad$ 答　$\boldsymbol{x < 4}$

▶次の連立不等式を解け。【(1)～(4)各 15 点，(5)，(6)各 20 点】

(1) $\begin{cases} 8x+3 \geqq 3x-2 \\ -2x+5 \leqq 7-5x \end{cases}$

(2) $\begin{cases} 9x-3 > 7x-1 \\ 2x+4 \leqq 6x+1 \end{cases}$

(3) $\begin{cases} 2x+5 \geqq 4x+8 \\ 3x-6 \geqq x-9 \end{cases}$

(4) $\begin{cases} 7x+3 < 4x+4 \\ \dfrac{1}{2}x+\dfrac{1}{2} \leqq 3x-\dfrac{1}{2} \end{cases}$

(5) $\begin{cases} \dfrac{3x-5}{2} < \dfrac{5x+6}{3} \\ x-5(3x+4) \leqq x-12 \end{cases}$

(6) $\begin{cases} 3x-4 \leqq 7x-1 \\ 9x+5 < -3x-4 \end{cases}$

点

点

点

答えは次のページ

目標タイム　6 分　1回目　　分　　秒　2回目　　分　　秒　3回目　　分　　秒

(1) $\begin{cases} 8x+3 \geqq 3x-2 \\ -2x+5 \leqq 7-5x \end{cases}$

➡ $\begin{cases} x \geqq -1 \\ x \leqq \dfrac{2}{3} \end{cases}$

$x \geqq -1$
$x \leqq \dfrac{2}{3}$
$-1 \quad \dfrac{2}{3}$

答 $-1 \leqq x \leqq \dfrac{2}{3}$

(2) $\begin{cases} 9x-3 > 7x-1 \\ 2x+4 \leqq 6x+1 \end{cases}$

➡ $\begin{cases} x > 1 \\ x \geqq \dfrac{3}{4} \end{cases}$

$x > 1$
$x \geqq \dfrac{3}{4}$
$\dfrac{3}{4} \quad 1$

答 $x > 1$

(3) $\begin{cases} 2x+5 \geqq 4x+8 \\ 3x-6 \geqq x-9 \end{cases}$

➡ $\begin{cases} x \leqq -\dfrac{3}{2} \\ x \geqq -\dfrac{3}{2} \end{cases}$

$x \leqq -\dfrac{3}{2}$
$x \geqq -\dfrac{3}{2}$
$-\dfrac{3}{2}$

答 $x = -\dfrac{3}{2}$

(4) $\begin{cases} 7x+3 < 4x+4 \\ \dfrac{1}{2}x+\dfrac{1}{2} \leqq 3x-\dfrac{1}{2} \end{cases}$

➡ $\begin{cases} x < \dfrac{1}{3} \\ x \geqq \dfrac{2}{5} \end{cases}$

$x < \dfrac{1}{3}$
$x \geqq \dfrac{2}{5}$
$\dfrac{1}{3} \quad \dfrac{2}{5}$

答 解なし

(5) $\begin{cases} \dfrac{3x-5}{2} < \dfrac{5x+6}{3} \\ x-5(3x+4) \leqq x-12 \end{cases}$

➡ $\begin{cases} x > -27 \\ x \geqq -\dfrac{8}{15} \end{cases}$

$x > -27$
$x \geqq -\dfrac{8}{15}$
$-27 \quad -\dfrac{8}{15}$

答 $x \geqq -\dfrac{8}{15}$

(6) $\begin{cases} 3x-4 \leqq 7x-1 \\ 9x+5 < -3x-4 \end{cases}$

➡ $\begin{cases} x \geqq -\dfrac{3}{4} \\ x < -\dfrac{3}{4} \end{cases}$

$x \geqq -\dfrac{3}{4}$
$x < -\dfrac{3}{4}$
$-\dfrac{3}{4}$

答 解なし

数学では消しゴムを使ってはいかん！

☆ドラ桜語録 ☆ 基礎力だけなら時間は2ヵ月あれば十分鍛えられる。（第8巻）

▶次の x に関する不等式や連立不等式を解け。ただし a は定数とする。【(1)〜(4)各 15 点，(5)，(6)各 20 点】

(1)　$|3x-5|<2$

(2)　$|-3x+8|\geqq 5$

(3)　$x-a>2x+a$

(4)　$ax-4\geqq x-1$

(5)　$\begin{cases} x-a\leqq 3 \\ 2x+1>a \end{cases}$

(6)　$|ax+3|<5$

点
点
点

答えは次のページ

目標タイム **8** 分 | 1回目　　分　　秒 | 2回目　　分　　秒 | 3回目　　分　　秒

(1) $|3x-5|<2$ から $-2<3x-5<2$

$\Rightarrow \begin{cases} 3x-5<2 \\ 3x-5>-2 \end{cases}$

$\Rightarrow \begin{cases} x<\dfrac{7}{3} \\ x>1 \end{cases}$

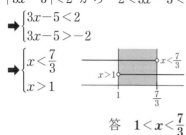

答　$1<x<\dfrac{7}{3}$

(2) $|-3x+8|\geqq 5$ から

$-3x+8\geqq 5,\quad -3x+8\leqq -5$

$\Rightarrow x\leqq 1,\quad \dfrac{13}{3}\leqq x$

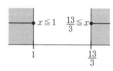

答　$x\leqq 1,\ \dfrac{13}{3}\leqq x$

(3) $x-a>2x+a$

　　$-x>2a$

　　$x<-2a$

答　$x<-2a$

(4) $ax-4\geqq x-1$

$(a-1)x\geqq 3$

x の係数の符号，すなわち a と 1 との大小関係で，この不等式の解は次のように場合分けされる。

答 $\begin{cases} a>1\text{のとき}\quad x\geqq \dfrac{3}{a-1} \\ a=1\text{のとき}\quad \text{解なし} \\ a<1\text{のとき}\quad x\leqq \dfrac{3}{a-1} \end{cases}$

(5) $\begin{cases} x-a\leqq 3 \\ 2x+1>a \end{cases}$

$\begin{cases} x\leqq a+3 \\ x>\dfrac{a-1}{2} \end{cases}$

（ⅰ）$a+3>\dfrac{a-1}{2}$ のとき

　すなわち $a>-7$ のとき

　　$\dfrac{a-1}{2}<x\leqq a+3$

（ⅱ）$a+3\leqq \dfrac{a-1}{2}$ のとき

　すなわち $a\leqq -7$ のとき

　　$x\leqq a+3$ と $x>\dfrac{a-1}{2}$ を

　同時に満たす x は存在しない。

答 $\begin{cases} a>-7\text{のとき}\quad \dfrac{a-1}{2}<x\leqq a+3 \\ a\leqq -7\text{のとき}\quad \text{解なし} \end{cases}$

(6) $|ax+3|<5$ から $-5<ax+3<5$

$\Rightarrow \begin{cases} ax+3<5 \\ ax+3>-5 \end{cases} \Rightarrow \begin{cases} ax<2 \\ ax>-8 \end{cases}$

答 $\begin{cases} a>0\text{のとき}\quad -\dfrac{8}{a}<x<\dfrac{2}{a} \\ a=0\text{のとき}\quad \text{すべての実数} \\ a<0\text{のとき}\quad \dfrac{2}{a}<x<-\dfrac{8}{a} \end{cases}$

2次不等式

☆ドラ桜語録☆

不安を抱くことは決して恥ずかしいことではない。むしろ不安は努力の勲章なんだ。(第19巻)

1 ▶次の2次不等式を解け。【1問30点】

(1) $x^2 - 3x + 2 \leqq 0$ 　　(2) $x^2 - 3x + 4 \geqq 0$

2 ▶次の連立不等式を解け。【40点】

$$\begin{cases} x^2 - 4 \leqq 0 \\ x^2 + x \geqq 0 \end{cases}$$

答えは次のページ

与えられた不等式を満たす x がないときは「解なし」が答えだ。
問題がまちがってるわけじゃないぞ。

点

点

点

桜木MEMO

$\alpha < \beta$ のとき，$(x-\alpha)(x-\beta) < 0$ の解は $\alpha < x < \beta$
$(x-\alpha)(x-\beta) > 0$ の解は $x < \alpha$，$\beta < x$

目標タイム 4分 | 1回目　分　秒 | 2回目　分　秒 | 3回目　分　秒

2 次不等式

解答

1 (1) $x^2-3x+2=0$ を解くと，$(x-2)(x-1)=0$ より　$x=1,\ 2$
よって，この 2 次不等式
の解は
$$1\leqq x\leqq 2$$

答　$1\leqq x\leqq 2$

(2) $x^2-3x+4=0$ の判別式 $D=(-3)^2-4\cdot1\cdot4=-7<0$ より，
$y=x^2-3x+4$ のグラフは右のようになる。
　よって，すべての実数 x について，
$$x^2-3x+4\geqq0$$
は満たされている。

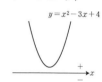

答　すべての実数

2 $x^2-4\leqq0$ を解くと　$-2\leqq x\leqq2$　……①
$x^2+x\geqq0$ を解くと　$x\leqq-1,\ 0\leqq x$　……②
①と②の共通範囲を求めて
$$-2\leqq x\leqq-1,\ 0\leqq x\leqq2$$

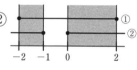

答　$-2\leqq x\leqq-1,\ 0\leqq x\leqq2$

> 2 次不等式だなんていうけど，
> グラフがいっぱい出てくるじゃ
> ない。

> 不等式の問題は特にグラフとの関係が密だ。
> 6 限目と 7 限目をいっしょに勉強すると効果
> 的だぞ。

2 次不等式
ホップ！

★★☆☆☆
1回目	月	日
2回目	月	日
3回目	月	日

ドラ校語録 ☆ 問題文の図は使わずに自分で丁寧に図を描くんだぞ。（第14巻）

▶次の 2 次不等式を解け。【1 問 25 点】

(1)　$x^2 + 5x + 6 \leqq 0$

(2)　$2x^2 - 6x + 5 \leqq 0$

(3)　$-3x^2 + 4x - 2 \leqq 0$

(4)　$x^2 - 2x + 1 \leqq 0$

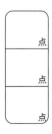

点

点

点

答えは次のページ

(1)　　$x^2+5x+6 \leqq 0$

　　　　$(x+2)(x+3) \leqq 0$

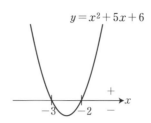

$y=x^2+5x+6$

答　$-3 \leqq x \leqq -2$

(2)　$2x^2-6x+5=0$ の判別式 $\dfrac{D}{4}=(-3)^2-2\times5=-1<0$ より，

　　$y=2x^2-6x+5$ のグラフは
　　右のようになる。

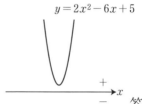

$y=2x^2-6x+5$

　　　　よって，

　　　　$2x^2-6x+5 \leqq 0$

　　を満たす実数 x は存在しない。

答　解なし

(3)　$-3x^2+4x-2=0$ の判別式 $\dfrac{D}{4}=2^2-(-3)(-2)=-2<0$

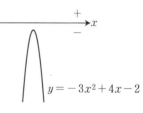

　　　より，$y=-3x^2+4x-2$ のグラフは
　　　右のようになる。

　　　　よって，すべての実数 x について，

　　　　　$-3x^2+4x-2 \leqq 0$

　　　は満たされている。

$y=-3x^2+4x-2$

答　すべての実数

(4)　$y=x^2-2x+1=(x-1)^2$ より

　　　$y=x^2-2x+1$ のグラフは
　　　右のように x 軸と $x=1$ で接する。

　　　よってグラフより，

　　　$x^2-2x+1 \leqq 0$ の解は $x=1$

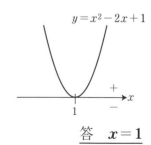

$y=x^2-2x+1$

答　$x=1$

2次不等式
ステップ！

★★★★☆☆

1回目		月		日
2回目		月		日
3回目		月		日

▶次の連立不等式を解け。【1問25点】

(1) $\begin{cases} 2x^2 < 5x+3 \\ x^2+1 \geqq 3x \end{cases}$

(2) $\dfrac{5}{4} \leqq -x^2+3x \leqq 3$

(3) $\begin{cases} x^2-3x-4 < 0 \\ -2x+3 < 7 \end{cases}$

(4) $\begin{cases} |2x-5| < 5 \\ 4x^2-16x+15 > 0 \end{cases}$

答えは次のページ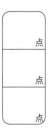

	点
	点
	点

(1) $\begin{cases} 2x^2 < 5x+3 \\ x^2+1 \geqq 3x \end{cases}$ ➡ $\begin{cases} 2x^2-5x-3 < 0 \\ x^2-3x+1 \geqq 0 \end{cases}$

➡ $\begin{cases} -\dfrac{1}{2} < x < 3 \\ x \leqq \dfrac{3-\sqrt{5}}{2}, \quad \dfrac{3+\sqrt{5}}{2} \leqq x \end{cases}$

$x \leqq \frac{3-\sqrt{5}}{2}$　　　$\frac{3+\sqrt{5}}{2} \leqq x$
$-\frac{1}{2} < x < 3$
$-\frac{1}{2}$　$\frac{3-\sqrt{5}}{2}$　$\frac{3+\sqrt{5}}{2}$　3

答　$-\dfrac{1}{2} < x \leqq \dfrac{3-\sqrt{5}}{2}, \quad \dfrac{3+\sqrt{5}}{2} \leqq x < 3$

(2) $\dfrac{5}{4} \leqq -x^2+3x \leqq 3$

➡ $\begin{cases} -x^2+3x \geqq \dfrac{5}{4} \\ -x^2+3x \leqq 3 \end{cases}$ ➡ $\begin{cases} \dfrac{1}{2} \leqq x \leqq \dfrac{5}{2} \\ \text{すべての実数} \end{cases}$

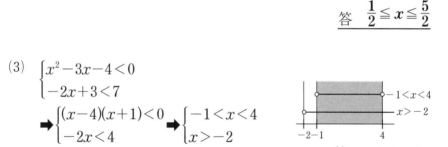

答　$\dfrac{1}{2} \leqq x \leqq \dfrac{5}{2}$

(3) $\begin{cases} x^2-3x-4 < 0 \\ -2x+3 < 7 \end{cases}$

➡ $\begin{cases} (x-4)(x+1) < 0 \\ -2x < 4 \end{cases}$ ➡ $\begin{cases} -1 < x < 4 \\ x > -2 \end{cases}$

$-1 < x < 4$
$x > -2$
-2　-1　　　4

答　$-1 < x < 4$

(4) $\begin{cases} |2x-5| < 5 \\ 4x^2-16x+15 > 0 \end{cases}$

➡ $\begin{cases} 2x-5 < 5 \\ 2x-5 > -5 \\ (2x-5)(2x-3) > 0 \end{cases}$ ➡ $\begin{cases} x < 5 \\ x > 0 \\ x < \dfrac{3}{2}, \quad \dfrac{5}{2} < x \end{cases}$

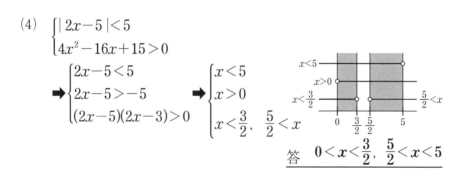

$x < 5$
$x > 0$
$x < \frac{3}{2}$　　　$\frac{5}{2} < x$
0　$\frac{3}{2}$　$\frac{5}{2}$　5

答　$0 < x < \dfrac{3}{2}, \quad \dfrac{5}{2} < x < 5$

1 ▶ x の 2 次不等式 $2ax^2+2bx+1 \leqq 0$ の解が $x \leqq -\dfrac{1}{2}$, $3 \leqq x$

となるような a, b の値を求めよ。【40 点】

2 ▶ x の 2 次不等式 $x^2+mx+m+3<0$ について答えよ。

【1 問 30 点】

(1) この不等式が解をもたないような m の値の範囲を求めよ。

(2) この不等式を満たす実数が正の数のみであるような m の値の範囲を求めよ。

点
点
点

答えは次のページ

2 次不等式　　　　ジャンプ　解答

1 2 次不等式 $\left(x+\dfrac{1}{2}\right)(x-3)\geqq 0$ の解は $x\leqq -\dfrac{1}{2}$, $3\leqq x$ である。

この不等式の左辺を展開すると　$x^2-\dfrac{5}{2}x-\dfrac{3}{2}\geqq 0$

両辺を $-\dfrac{2}{3}$ 倍して　$-\dfrac{2}{3}x^2+\dfrac{5}{3}x+1\leqq 0$

問題文の不等式と係数を比較して

$$2a=-\dfrac{2}{3},\ 2b=\dfrac{5}{3}$$

答　$a=-\dfrac{1}{3}$, $b=\dfrac{5}{6}$

2 (1)　x の 2 次方程式 $x^2+mx+m+3=0$
について，$D\leqq 0$ であれば，すべての
実数 x について $x^2+mx+m+3\geqq 0$ と
なるので，この不等式は解をもたない。
そこで

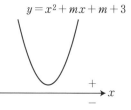

$$D=m^2-4(m+3)=m^2-4m-12=(m-6)(m+2)\leqq 0$$
を解くと，
$$-2\leqq m\leqq 6$$

答　$-2\leqq m\leqq 6$

(2)　$x^2+mx+m+3=(x-\alpha)(x-\beta)$ と因数分解したとき，α と β
が異なる正の数となるか，どちらか一方が 0，他方が正の数と
なれば，不等式を満たす実数は正の数のみとなる。

そのための条件は，
$$\begin{cases} (x^2+mx+m+3=0 \text{ の } D)>0 & \cdots\cdots① \\ \alpha+\beta>0 & \cdots\cdots② \\ \alpha\beta\geqq 0 & \cdots\cdots③ \end{cases}$$

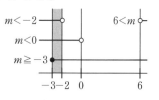

①より　$m<-2,\ 6<m$
②については解と係数の関係より　$-m>0$　　　　$m<0$
③については解と係数の関係より　$m+3\geqq 0$　　　$m\geqq -3$
よって　$-3\leqq m<-2$

答　$-3\leqq m<-2$

7限目 2次関数

★★☆☆☆☆

1回目	月	日
2回目	月	日
3回目	月	日

1 ▶次の2次関数のグラフをかけ。【1問30点】

(1) $y = x^2 - 3$

(2) $y = 2x^2 + 4x + 5$

2 ▶次の関数に最大値，最小値があれば，それらをとる x の値と最大値，最小値を求めよ。【40点】

$y = -x^2 + 2x \quad (0 \leqq x \leqq 3)$

答えは次のページ

2次関数の最大値，最小値は頂点と範囲の両端に着目しろ。

桜木MEMO

2次関数 $y = ax^2 + bx + c$ において，

y切片：c，頂点：$\left(-\dfrac{b}{2a}, \ -\dfrac{b^2 - 4ac}{4a} \right)$

	点
	点
	点

目標タイム 5分 1回目　分　秒 2回目　分　秒 3回目　分　秒

1 (1)

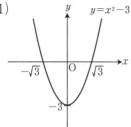

$y=x^2-3$

(2) $y = 2x^2 + 4x + 5$
$\quad = 2(x^2 + 2x) + 5$
$\quad = 2\{(x^2 + 2x + 1^2) - 1^2\} + 5$
$\quad = 2(x+1)^2 + 3$

となるので，グラフは右のようになる。

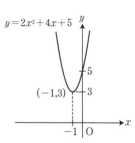

$y = 2x^2 + 4x + 5$

$(-1, 3)$

2 $\quad y = -x^2 + 2x$ は $y = -(x-1)^2 + 1$ と変形できるので，そのグラフは右の図の実線部分である。

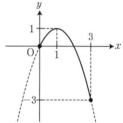

よって 答 $\begin{cases} x = 1 \text{ のとき　最大値 } 1 \\ x = 3 \text{ のとき　最小値 } -3 \end{cases}$

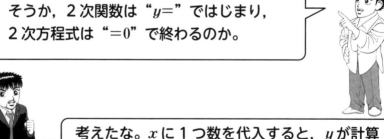

そうか，2 次関数は "$y=$" ではじまり，
2 次方程式は "$=0$" で終わるのか。

考えたな。x に 1 つ数を代入すると，y が計算できるだろ。一般的には，こういう変量の間の関係が関数だ。

2 次関数
ホップ！

★★☆☆☆

1回目	月	日
2回目	月	日
3回目	月	日

1 ▶次の 2 次関数のグラフをかけ。【1 問 30 点】

(1) $y = -x^2 + 3x - 7$ (2) $y = 3x^2 - 8x + 5$

2 ▶グラフが右の放物線で表される
2 次関数
$$y = ax^2 + bx + c$$
を求めよ。【40 点】

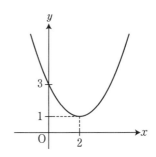

	点
	点
	点

 答えは次のページ

☆ドラ桜語録☆ 定期テスト前日マニュアル3 寝る直前まで勉強し続けろ！ 寝る直前は暗記物をつめこめ！（第6巻）

目標タイム **5** 分	1回目　　分　　秒	2回目　　分　　秒	3回目　　分　　秒

1 (1) $y = -x^2 + 3x - 7$

$= -(x^2 - 3x) - 7$

$= -\left\{\left(x - \dfrac{3}{2}\right)^2 - \dfrac{9}{4}\right\} - 7$

$= -\left(x - \dfrac{3}{2}\right)^2 - \dfrac{19}{4}$

となるので，グラフは右のようになる。

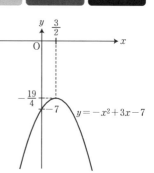

(2) $y = 3x^2 - 8x + 5$

$= 3\left(x^2 - \dfrac{8}{3}x\right) + 5$

$= 3\left\{\left(x - \dfrac{4}{3}\right)^2 - \dfrac{16}{9}\right\} + 5$

$= 3\left(x - \dfrac{4}{3}\right)^2 - \dfrac{1}{3}$

となるので，グラフは右のようになる。

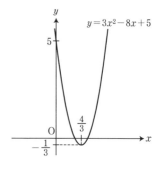

2　この放物線は $(2, 1)$ を頂点にもつので

$$y = a(x - 2)^2 + 1$$

とおく。また点 $(0, 3)$ を通るので，$3 = 4a + 1$ が成り立ち，$a = \dfrac{1}{2}$ である。よって，求める 2 次関数は，

$y = \dfrac{1}{2}(x - 2)^2 + 1$

$= \dfrac{1}{2}x^2 - 2x + 3$

　　　　　　答　$y = \dfrac{1}{2}x^2 - 2x + 3$

2次関数

ステップ！

★★★☆☆☆

1回目	月	日
2回目	月	日
3回目	月	日

☆ドラ桜語録 ☆ 定期テスト前日マニュアル4 睡眠時間は1・5時間の倍数時間寝るようにしろ！（第6巻）

1 ▶次の問いに答えよ。【1問25点】

(1) 頂点が$(-1, 3)$で，y切片が2であるグラフをもつ 2次関数を求めよ。

(2) 2次関数$y = x^2 + ax + b$のグラフが2点$(0, 2), (-1, 3)$ を通るようにa, bの値を定めよ。

2 ▶次の関数に最大値，最小値があれば，それらをとるxの 値と最大値，最小値を求めよ。【1問25点】

(1) $y = x^2 - 4x \quad (-1 \leqq x \leqq 2)$

(2) $y = -3x^2 + 4x + 1 \quad (0 < x < 2)$

点
点
点

答えは次のページ ☞

目標タイム **6分** | 1回目 分 秒 | 2回目 分 秒 | 3回目 分 秒

1 (1)　グラフの頂点の座標は $(-1, 3)$ なので，求める2次関数を
$y = a(x+1)^2 + 3$ とおく。

　　この関数のグラフの y 切片は $a+3 = 2$ だから，$a = -1$
である。

　　　　　　　　　　　　　　　答　$y = -x^2 - 2x + 2$

(2)　条件を代入すると，$2 = b$, $3 = 1 - a + b$ となる。これらを
連立させて解くと　$a = 0$, $b = 2$

　　　　　　　　　　　　　　　答　$a = 0$, $b = 2$

2 (1)　与式を変形すると，$y = (x-2)^2 - 4$ と
なるので，そのグラフは図の実線部分
である。

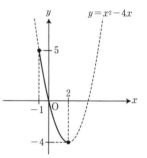

答　$\begin{cases} x = -1 \text{ のとき　最大値 } 5 \\ x = 2 \text{ のとき　最小値} -4 \end{cases}$

(2)　与式を変形すると，$y = -3\left(x - \dfrac{2}{3}\right)^2 + \dfrac{7}{3}$
となるので，そのグラフは図の実線部分
である。

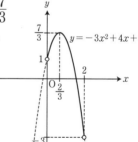

答　$\begin{cases} x = \dfrac{2}{3} \text{ のとき　最大値 } \dfrac{7}{3} \\ \text{最小値なし} \end{cases}$

1 ▶ 2次関数 $y = -x^2 + 2ax + b$ のグラフが x 軸の正の部分と異なる2点で交わるための a, b の条件を求めよ。【50点】

2 ▶ 次の関数の最大値, 最小値, および, それらをとる x の値を求めよ。ただし, a は定数とする。【50点】

$y = x^2 - 2x \quad (a \leqq x \leqq a+1)$

答えは次のページ

点

点

点

2 次関数

ジャンプ　解答

1 グラフが右のような形になるための条件は

$$\begin{cases} (-x^2+2ax+b=0 \text{ の } D)>0 & \cdots\cdots① \\ 頂点の x 座標>0 & \cdots\cdots② \\ y 切片<0 & \cdots\cdots③ \end{cases}$$

①より　$b>-a^2$

②より　$a>0$

③より　$b<0$

これらをまとめて，

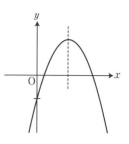

答　$a>0, \ -a^2<b<0$

2 与式を変形すると $y=(x-1)^2-1$ となる。a の値によって場合分けをして図をかくと，それぞれの図の実線部分が関数のグラフである。

(i)　$a<0$ のとき

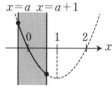

$x=a$ で最大値　a^2-2a

$x=a+1$ で最小値　a^2-1

(ii)　$0\le a<\dfrac{1}{2}$ のとき

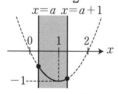

$x=a$ で最大値　a^2-2a

$x=1$ で最小値　-1

(iii)　$a=\dfrac{1}{2}$ のとき

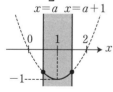

$x=\dfrac{1}{2}, \ \dfrac{3}{2}$ で最大値

$-\dfrac{3}{4}$

$x=1$ で最小値

-1

(iv)　$\dfrac{1}{2}<a\le 1$ のとき

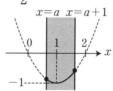

$x=a+1$ で最大値

a^2-1

$x=1$ で最小値

-1

(v)　$a>1$ のとき

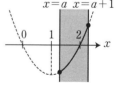

$x=a+1$ で最大値

a^2-1

$x=a$ で最小値

a^2-2a

8 限目 三角比

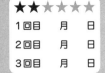

1 ▶次の値を答えよ。【1問10点】

(1)　$\sin 30° =$ 　　　(2)　$\cos 135° =$ 　　　(3)　$\tan 60° =$

2 ▶$0° \leqq \theta \leqq 180°$ とする。$\sin \theta = \dfrac{1}{3}$ のとき，$\cos \theta$ と $\tan \theta$ の値を求めよ。【25点】

3 ▶△ABC において $A = 45°$，$b = \sqrt{6}$，$c = \sqrt{3} + 1$ のとき，
$a = \boxed{}$，$B = \boxed{}$°，$C = \boxed{}$°
である。【1問15点】

答えは次のページ

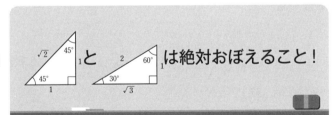

と　は絶対おぼえること！

桜木MEMO

余弦定理
$a^2 = b^2 + c^2 - 2bc \cos A$
$b^2 = c^2 + a^2 - 2ca \cos B$
$c^2 = a^2 + b^2 - 2ab \cos C$

正弦定理
△ABC の外接円の半径を R とすると
$\dfrac{a}{\sin A} = \dfrac{b}{\sin B} = \dfrac{c}{\sin C} = 2R$

点

点

点

目標タイム **6分** | 1回目　　分　　秒 | 2回目　　分　　秒 | 3回目　　分　　秒

1 (1) $\sin 30° = \dfrac{1}{2}$　(2)　$\cos 135° = -\cos 45° = -\dfrac{\sqrt{2}}{2}$　(3)　$\tan 60° = \sqrt{3}$

2 $\sin^2\theta + \cos^2\theta = 1$ より　$\cos^2\theta = \dfrac{8}{9}$

$0° \le \theta \le 180°$ から $-1 \le \cos\theta \le 1$ なので　$\cos\theta = \pm\dfrac{2\sqrt{2}}{3}$

このとき　$\tan\theta = \dfrac{\sin\theta}{\cos\theta} = \dfrac{\dfrac{1}{3}}{\pm\dfrac{2\sqrt{2}}{3}} = \pm\dfrac{1}{2\sqrt{2}} = \pm\dfrac{\sqrt{2}}{4}$

答　$\cos\theta = \pm\dfrac{2\sqrt{2}}{3}$, $\tan\theta = \pm\dfrac{\sqrt{2}}{4}$ （複号同順）

3 余弦定理より

$a^2 = b^2 + c^2 - 2bc\cos A = (\sqrt{6})^2 + (\sqrt{3}+1)^2 - 2\sqrt{6}(\sqrt{3}+1)\dfrac{1}{\sqrt{2}} = 4$

$a > 0$ であるから $a = 2$。

正弦定理より

$$\sin B = \dfrac{b}{a}\sin A = \dfrac{\sqrt{6}}{2} \times \dfrac{1}{\sqrt{2}} = \dfrac{\sqrt{3}}{2}$$

よって，$B = 60°$，$120°$。

ゆえに，$C = 180° - (45° + 60°) = 75°$ または $C = 180° - (45° + 120°) = 15°$。

ところで，$a < c$ より $A < C$。よって，$C = 75°$，$B = 60°$

答　$a = 2$, $B = 60°$, $C = 75°$

サイン，コサイン，タンジェントってカッコイイ。最先端の数学なの？

最先端ってことはないな。
測地や測量，天文学などで広く使われてきた。
むかしからある数学だ。

三角比 **ホップ！**

☆ドラ秘語録☆ 真面目に努力……これが成功への一番の近道なんだよな。(第21巻)

1 ▶次の表に数値を入れよ。【40点】

	$\theta = 0°$	$30°$	$45°$	$60°$	$90°$
$\sin\theta$					
$\cos\theta$					
$\tan\theta$					

2 ▶$0° \leq \theta \leq 180°$ として，次の式を満たす θ を求めよ。

【1問10点】

(1) $\sin\theta = \dfrac{\sqrt{2}}{2}$　　(2) $\cos\theta = -\dfrac{\sqrt{3}}{2}$　　(3) $\sin\theta = \dfrac{\sqrt{3}}{2}$

(4) $\tan\theta = -1$　　(5) $\tan\theta = \dfrac{1}{\sqrt{3}}$　　(6) $\cos\theta = 0$

答えは次のページ

点
点
点

1

$\theta =$	$0°$	$30°$	$45°$	$60°$	$90°$
$\sin\theta$	0	$\dfrac{1}{2}$	$\dfrac{\sqrt{2}}{2}$	$\dfrac{\sqrt{3}}{2}$	1
$\cos\theta$	1	$\dfrac{\sqrt{3}}{2}$	$\dfrac{\sqrt{2}}{2}$	$\dfrac{1}{2}$	0
$\tan\theta$	0	$\dfrac{1}{\sqrt{3}}$	1	$\sqrt{3}$	

2 (1)　$45°,\ 135°$　　　　　(2)　$150°$

(3)　$60°,\ 120°$　　　　　(4)　$135°$

(5)　$30°$　　　　　　　　(6)　$90°$

▶ $0° \leqq \theta \leqq 180°$ とする。次の問いに答えよ。【1問25点】

(1)　$\sin\theta = \dfrac{1}{5}$ のとき，$\cos\theta$ と $\tan\theta$ の値を求めよ。

(2)　$\cos\theta = \dfrac{\sqrt{3}}{4}$ のとき，$\sin\theta$ と $\tan\theta$ の値を求めよ。

(3)　$\tan\theta = -\dfrac{1}{2}$ のとき，$\sin\theta$ と $\cos\theta$ の値を求めよ。

(4)　$\sin\theta + \cos\theta = \dfrac{7}{5}$ のとき，$\sin\theta$ と $\cos\theta$ の値を求めよ。

　　ただし，$\tan\theta > 1$ とする。

答えは次のページ

| |
| 点 |
| 点 |
| 点 |

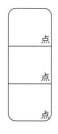

(1)　$\sin^2\theta + \cos^2\theta = 1$ より　$\cos^2\theta = \dfrac{24}{25}$

　　　$0° \leqq \theta \leqq 180°$ から $-1 \leqq \cos\theta \leqq 1$ なので　$\cos\theta = \pm\dfrac{2\sqrt{6}}{5}$

　　　このとき　$\tan\theta = \dfrac{\sin\theta}{\cos\theta} = \pm\dfrac{1}{2\sqrt{6}} = \pm\dfrac{\sqrt{6}}{12}$

　　　　　　　　答　$\cos\theta = \pm\dfrac{2\sqrt{6}}{5}$,　$\tan\theta = \pm\dfrac{\sqrt{6}}{12}$（複号同順）

(2)　$\sin^2\theta + \cos^2\theta = 1$ より　$\sin^2\theta = \dfrac{13}{16}$

　　　$0° \leqq \theta \leqq 180°$ から $\sin\theta \geqq 0$ なので　$\sin\theta = \dfrac{\sqrt{13}}{4}$

　　　このとき　$\tan\theta = \dfrac{\sin\theta}{\cos\theta} = \dfrac{\sqrt{13}}{\sqrt{3}} = \dfrac{\sqrt{39}}{3}$

　　　　　　　　答　$\sin\theta = \dfrac{\sqrt{13}}{4}$,　$\tan\theta = \dfrac{\sqrt{39}}{3}$

(3)　$1 + \tan^2\theta = \dfrac{1}{\cos^2\theta}$ より　$\cos^2\theta = \dfrac{4}{5}$

　　　$\tan\theta = -\dfrac{1}{2} < 0$ なので，θ は鈍角。よって　$\cos\theta = -\dfrac{2\sqrt{5}}{5}$

　　　このとき　$\sin\theta = \tan\theta \cdot \cos\theta = \dfrac{\sqrt{5}}{5}$

　　　　　　　　答　$\sin\theta = \dfrac{\sqrt{5}}{5}$,　$\cos\theta = -\dfrac{2\sqrt{5}}{5}$

(4)　$\sin^2\theta + \cos^2\theta = 1$ に $\cos\theta = \dfrac{7}{5} - \sin\theta$ を代入して計算すると，

　　　$\sin\theta = \dfrac{4}{5}$, $\dfrac{3}{5}$。このときそれぞれ $\cos\theta = \dfrac{3}{5}$, $\dfrac{4}{5}$

　　　$\tan\theta > 1$ より　$\sin\theta > \cos\theta$

　　　よって　$\sin\theta = \dfrac{4}{5}$, $\cos\theta = \dfrac{3}{5}$　　　　答　$\sin\theta = \dfrac{4}{5}$, $\cos\theta = \dfrac{3}{5}$

三角比

ジャンプ！

★★★★☆☆

1回目	月	日
2回目	月	日
3回目	月	日

☆ドラ桜語録 ☆

文章題を攻略するには、まず出題者の意図を読み取ること。これさえできれば何も恐れなくていい。（第2巻）

▶次の   にあてはまる値を答えよ。【1問 10 点】

(1)　$\triangle \mathrm{ABC}$ において，$A = 60°$，$B = 45°$，$b = \sqrt{3}$ のとき，$a = \boxed{}$，$c = \boxed{}$，$\sin C = \boxed{}$
である。

(2)　$\triangle \mathrm{ABC}$ において，$a = 3$，$c = \sqrt{3}$，$C = 30°$ のとき，$A = \boxed{}°$，$B = \boxed{}°$，$b = \boxed{}$
である。

(3)　$\triangle \mathrm{ABC}$ において，$A = 30°$，$b = 3$，$c = \sqrt{3}$ のとき，$a = \boxed{}$，$B = \boxed{}°$，$\triangle \mathrm{ABC}$ の面積 $= \boxed{}$
である。

(4)　$\triangle \mathrm{ABC}$ において，$a = \sqrt{3}$，$B = 135°$，$c = \sqrt{6}$ のとき，$\triangle \mathrm{ABC}$ の外接円の半径は $\boxed{}$ である。

点
点
点

答えは次のページ 🫳

目標タイム **10分**	1回目　　分　　秒	2回目　　分　　秒	3回目　　分　　秒

(1) 正弦定理より，$a = \dfrac{\sin A}{\sin B} b = \dfrac{3\sqrt{2}}{2}$

頂点Ｃから辺ＡＢに垂線を引いて考えると

$c = a\cos B + b\cos A = \dfrac{3+\sqrt{3}}{2}$

正弦定理より

$\sin C = c \times \dfrac{\sin B}{b} = \dfrac{\sqrt{2}+\sqrt{6}}{4}$

答　$a = \dfrac{3\sqrt{2}}{2}$，$c = \dfrac{3+\sqrt{3}}{2}$，$\sin C = \dfrac{\sqrt{2}+\sqrt{6}}{4}$

(2) 正弦定理より，

$\sin A = a \times \dfrac{\sin C}{c} = \dfrac{\sqrt{3}}{2}$　よって　$A = 60°,\ 120°$

(i)　$A = 60°$ のとき　$B = 180° - (60° + 30°) = 90°$　よって，

$b^2 = a^2 + c^2 = 12$, $b > 0$ より $b = 2\sqrt{3}$

(ii)　$A = 120°$ のとき　$B = 180° - (120° + 30°) = 30°$　よって，

△ABC は BC を底辺とする二等辺三角形であり，$b = \sqrt{3}$

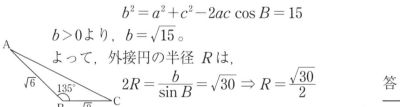

答　$A = 60°$，$B = 90°$，$b = 2\sqrt{3}$
$A = 120°$，$B = 30°$，$b = \sqrt{3}$

(3)　余弦定理より，

$a^2 = b^2 + c^2 - 2bc\cos A = 3$

$a > 0$ より，$a = \sqrt{3}$。$a = c$ より，$A = C = 30°$。よって，

$B = 180° - (30° + 30°) = 120°$

$\triangle ABC = \dfrac{1}{2} bc \sin A = \dfrac{3\sqrt{3}}{4}$

答　$a = \sqrt{3}$，$B = 120°$，$\triangle ABC = \dfrac{3\sqrt{3}}{4}$

(4)　余弦定理より，

$b^2 = a^2 + c^2 - 2ac\cos B = 15$

$b > 0$ より，$b = \sqrt{15}$。

よって，外接円の半径 R は，

$2R = \dfrac{b}{\sin B} = \sqrt{30} \Rightarrow R = \dfrac{\sqrt{30}}{2}$

答　$\dfrac{\sqrt{30}}{2}$

9限目 場合の数

★★★★★
1回目　　月　　日
2回目　　月　　日
3回目　　月　　日

1 ▶男子と女子がそれぞれ3人ずついる。このとき，次のような並び方は全部で何通りあるか。【(1),(2)各15点,(3)20点】

(1) 1列に6人が並ぶ。　(2) 円形に6人が並ぶ。
(3) 男子3人と女子3人が交互に1列に並ぶ。

2 ▶男子が4人，女子が5人いる。この9人から次のように人を選ぶ方法は，全部で何通りあるか。【(1)10点,(2),(3)各20点】

(1) 4人を選ぶ。　(2) 男女それぞれ2人ずつ選ぶ。
(3) 少なくとも1人の男子をふくめた4人を選ぶ。

答えは次のページ

Cの計算では，等式 $_nC_r = {}_nC_{n-r}$ を使って計算量を減らせ！

桜木MEMO

（異なる n 個のものから r 個を取り出すときの順列の個数）

$$= {}_nP_r = n(n-1)\cdots(n-r+1) = \frac{n!}{(n-r)!}$$

（異なる n 個のものから r 個を取り出すときの組合せの個数）

$$= {}_nC_r = \frac{{}_nP_r}{r!} = \frac{n!}{r!(n-r)!}$$

点

点

点

目標タイム **2分**　1回目　　分　　秒　2回目　　分　　秒　3回目　　分　　秒

場合の数

1 (1) $6! = 720$

答　**720 通り**

(2) 円順列なので　$(6-1)! = 120$

答　**120 通り**

> 円順列
> n 個の異なるものを
> 円状に並べるときの
> 並べ方の総数は
> $(n-1)!$

(3) まず 3 人の男子を 1 列に並べる。
その並べ方は全部で 3! 通り。男女
を交互に並べるには右の①②のよう
に□の場所に 3 人の女子を並べれば

①□男□男□男
②　男□男□男□

よい。このときの女子の並べ方はそれぞれ 3! 通りなので，求める場合
の数は

$$2 \times 3! \times 3! = 72$$

答　**72 通り**

2 (1) $_9C_4 = \dfrac{9 \cdot 8 \cdot 7 \cdot 6}{4 \cdot 3 \cdot 2 \cdot 1} = 126$

答　**126 通り**

(2) 男子 4 人の中から 2 人を選ぶ方法は $_4C_2$ 通り。
女子 5 人の中から 2 人を選ぶ方法は $_5C_2$ 通り。
したがって

$$_4C_2 \times {_5C_2} = \dfrac{4 \cdot 3}{2 \cdot 1} \times \dfrac{5 \cdot 4}{2 \cdot 1} = 60$$

答　**60 通り**

(3) 4 人とも女子である場合の余事象を考えればよいので

$$126 - {_5C_4} = 126 - {_5C_1} = 121$$

答　**121 通り**

「並べる」が P で，「選ぶ」が C
のキーワードなの？

基本問題ではそれでもよい。しかし「並べる」
で C を使うものもある。次のページの問題の
ようにな。

場合の数
ホップ！ ステップ！

★★★☆☆☆

1回目	月	日
2回目	月	日
3回目	月	日

☆ ドラ絵語録 ☆ 勝負には周到な準備と戦いに向かう気構えが必要なのだ。（第4巻）

1 ▶右図のような，東西に4本，南北に5本の互いに垂直に交わる道がある。これらの道を通って，最短距離で図中のA地点からB地点へいたる道順を考える。【各20点】

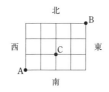

(1) 道順の総数を求めよ。

(2) 図中のC地点を通る道順の総数を求めよ。

2 ▶6人で二人三脚のリレーを行う。2人ペアーを3組編成し，これら3組でバトンをつなぐ。【各20点】

(1) 走る順まで考えたときの組の編成方法の総数を求めよ。

(2) 走る順は考えないときの組の編成方法の総数を求めよ。

3 ▶0から9までの10個の数字の中から異なる3つを選んで，大きい順に並べる方法は全部で何通りあるか求めよ。【20点】

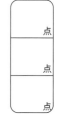

点
点
点

答えは次のページ

目標タイム **3** 分 ｜ 1回目　分　秒 ｜ 2回目　分　秒 ｜ 3回目　分　秒

場合の数

1 (1) 東へ1区画進むことを→，北へ1区画進むことを↑と表すと，求める道順の総数は，4個の→と3個の↑を並べる順列の数に等しい。よって，「同じものを含む順列」の考え方より

$$\frac{7!}{4! \cdot 3!} = 35$$

答 **35通り**

別解：→か↑の入る7つの枠□□□□□□□を用意する。その中から→の入る場所を4つ選べば↑の入る枠も定まるので，$_7C_4$ でも求めることができる。

(2) AからCとCからBに分けて考えて

$$\frac{3!}{2! \cdot 1!} \times \frac{4!}{2! \cdot 2!} = 18$$

答 **18通り**

別解：A地点から各交差点までの最短順路の総数を，交差点ごとに書き入れることでも計算できる。

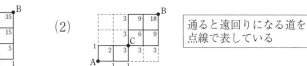

(1)　(2)　通ると遠回りになる道を点線で表している

2 (1) 6人の中から初めに走る2人を選ぶ方法は $_6C_2$ 通り。つづいて，残った4人の中から2番目に走る2人を選ぶ方法が $_4C_2$ 通り。2番目までの走者の組を決めると，最後に走る2人は決まるので，求める場合の数は　$_6C_2 \times _4C_2 = 90$

答 **90通り**

(2) 組の編成の仕方を x 通りとすると，そのそれぞれに対して走る順は $3! = 6$ 通りずつあるので，$6x = 90$。よって $x = 15$

答 **15通り**

3 0から9までの10個の数字の中から異なる3つを選ぶと，それらを大きい順に並べる並べ方は1通りに定まる。よって，異なる10個の数字の中から3つを選ぶ方法の数を求めればよい。

$$_{10}C_3 = 120$$

答 **120通り**

場合の数
ジャンプ！

9個の玉を3つの箱に入れる。次のそれぞれについて，玉の入れ方の総数を求めよ。ただし，空箱があってもよい場合と，空箱がない場合の両方について答えよ。

【配点　空箱があってもよい場合：(1) 20 点　(2) 20 点　(3) 10 点
　　　　空箱がない場合：(1) 20 点　(2) 20 点　(3) 10 点】

(1)　玉にも箱にも区別があるとき。

(2)　箱には区別があるが，玉には区別がないとき。

(3)　玉にも箱にも区別がないとき。

答えは次のページ

点
点
点

目標タイム 10分　1回目　　分　　秒　2回目　　分　　秒　3回目　　分　　秒

箱や玉を区別する問題では、箱を A, B, C, 玉を①, ②, ……, ⑨とする。

空箱があってもよい場合

(1)　①の玉を入れる箱の選び方は A, B, C の 3 通り。②から⑨の玉についても、各 3 通りずつ箱の選び方があるので、

$$3^9 = 19683$$

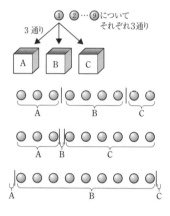

答　19683 通り

(2)　9 個の玉と 2 本の棒（しきい）を並べることを考える。しきいで区切られた部分を順に A, B, C に入る玉とすることで、玉の箱への入れ方が対応する。よって

$$\frac{11!}{9! \cdot 2!} = 55$$

答　55 通り

(3)　玉にも箱にも区別がないので、9 を 0 以上の 3 つの整数の和に分割する方法の数を求めればよい。そのために、同じ分割にならないよう注意しながら、樹形図をかいて調べる。

```
      ┌0─9        ┌1─7      2<2─5
      │1─8        │2─6         3─4
    0<2─7       1<3─5      3─3─3
      │3─6        └4─4
      └4─5
```

答　12 通り

空箱がない場合

(1)　空箱があってもよい場合の 3^9 通りから、空箱が 1 つの場合と 2 つの場合を引けばよい。

空箱が 1 つの場合：$(2^9 - 2) \times 3$ 通り，空箱が 2 つの場合：3 通り。

よって　$3^9 - (2^9 - 2) \times 3 - 3 = 18150$

答　18150 通り

(2)　まず、9 個の玉を 1 列に並べる。このとき玉と玉の間は 8 個ある。この 8 個の間から 2 個を選んで、そこに 1 本ずつしきいを入れると（右図では、3 と 7 のところにしきいを入れた）、しきいで区切られた各部分には玉が 1 つ以上あり、左から A, B, C の箱への玉の入れ方が得られる。よって、$_8C_2 = 28$

答　28 通り

(3)　空箱があってもよい場合の樹形図から、0 をふくまない場合の数を求めればよい。

答　7 通り

 **確率**

1回目	月	日
2回目	月	日
3回目	月	日

✿ドラ桜語録 ✿ 解法を理解し問題を数多くこなす。この正攻法が一番合格への近道です。（第7巻）

1 ▶箱の中に赤玉が4個と白玉が6個入っている。

(1) 箱から3個の玉を同時に取り出すとき，赤玉が1個，白玉が2個取り出される確率を求めよ。【25点】

(2) 箱から4個の玉を同時に取り出すとき，少なくとも1個は赤玉である確率を求めよ。【25点】

2 ▶1個のさいころを5回連続して投げる。

(1) 1の目がちょうど2回出る確率を求めよ。【25点】

(2) 1の目がちょうど2回出たとき，1の目が連続して出ている条件つき確率を求めよ。【25点】

答えは次のページ

期待値とは，確率によって重みをつけた平均のことだ。

桜木MEMO

・1回の試行において事象 A が確率 p で起きるとき，この試行を n 回繰り返して，A がちょうど r 回起きる確率は ${}_nC_r\, p^r\, (1-p)^{n-r}$

・事象 A が起こったときに事象 B が起こる条件つき確率：

$$P_A(B) = \frac{P(A \cap B)}{P(A)}$$

点

点

点

目標タイム **7分** | 1回目 分 秒 | 2回目 分 秒 | 3回目 分 秒

1 (1) 合計 10 個の玉の中から 3 つを取り出すとき，赤玉 4 個の中から 1 個，白玉 6 個の中から 2 個が取り出される確率なので

$$\frac{{}_4\mathrm{C}_1 \times {}_6\mathrm{C}_2}{{}_{10}\mathrm{C}_3} = \frac{4 \times 15}{120} = \frac{1}{2} \qquad \text{答} \quad \frac{1}{2}$$

(2) 4 個とも白玉であることの余事象なので，4 個とも白玉である確率を 1 から引くとよい。

$$1 - \frac{{}_6\mathrm{C}_4}{{}_{10}\mathrm{C}_4} = 1 - \frac{6 \cdot 5 \cdot 4 \cdot 3}{10 \cdot 9 \cdot 8 \cdot 7} = \frac{13}{14} \qquad \text{答} \quad \frac{13}{14}$$

2 1 の目がちょうど 2 回出る事象を A，1 の目が連続して出る事象を B とする。

(1) さいころを 1 回投げて，1 の目が出る確率は $\frac{1}{6}$ なので

$$P(A) = {}_5\mathrm{C}_2 \cdot \left(\frac{1}{6}\right)^2 \cdot \left(\frac{5}{6}\right)^3 = \frac{625}{3888} \qquad \text{答} \quad \frac{625}{3888}$$

(2) $A \cap B$ は 5 回の試行のうち 1 の目がちょうど 2 回出て，しかもその 2 回が連続している事象である。1 の目が「連続して出る 2 回」は，「1 回目と 2 回目」から「4 回目と 5 回目」までの 4 通りある。したがって

$$P(A \cap B) = 4 \cdot \left(\frac{1}{6}\right)^2 \cdot \left(\frac{5}{6}\right)^3, \quad \text{よって} \quad P_A(B) = \frac{P(A \cap B)}{P(A)} = \frac{4}{{}_5\mathrm{C}_2} = \frac{2}{5}$$

答　$\dfrac{2}{5}$

条件つき確率がむずかしいです。

それなら，確率を割合だと考えることだ。
$P(A)$ が分母にあるということは，全体量を $P(A)$ にとりかえて割合を考えることと思えばいい。

☆ドラ校語録 ☆ 集中力があれば何をやっても成長が早くなるからだ。（第13巻）

1 ▶ 箱の中に赤玉 3 個と白玉 7 個が入っている。この中から同時に 3 つの玉を取り出して，出た赤玉の個数の 120 倍のポイントが得られるゲームがある。このゲームで得られるポイントの期待値を求めよ。【50 点】

2 ▶ 1 組のトランプから取り出した 4 枚のエース（スペード，クラブ，ハート，ダイヤのエース）が裏向きで置かれている。1 枚ずつカードを裏返す操作をハートのエースが出るまで行うとき，終了までにカードをめくる回数の期待値を求めよ。ただし，一度裏返して表の見えたカードをふたたび裏返すことは行わないとする。【50 点】

点

点

点

答えは次のページ

1 　赤玉が出る個数とそのときの確率，得られるポイントを表にまとめると，次のようになる。

赤玉の個数	0	1	2	3
確率	$\dfrac{{}_7C_3}{{}_{10}C_3}$	$\dfrac{{}_3C_1\times{}_7C_2}{{}_{10}C_3}$	$\dfrac{{}_3C_2\times{}_7C_1}{{}_{10}C_3}$	$\dfrac{{}_3C_3}{{}_{10}C_3}$
ポイント	0	120	240	360

よって

$$0\times\frac{{}_7C_3}{{}_{10}C_3}+120\times\frac{{}_3C_1\times{}_7C_2}{{}_{10}C_3}+240\times\frac{{}_3C_2\times{}_7C_1}{{}_{10}C_3}+360\times\frac{{}_3C_3}{{}_{10}C_3}=108$$

答　**108**

2 　ハートのエースが出るまでにカードを裏返す回数と，その確率を表にまとめると次のようになる。

裏返す回数	1	2	3	4
確率	$\dfrac{1}{4}$	$\dfrac{3}{4}\times\dfrac{1}{3}=\dfrac{1}{4}$	$\dfrac{3}{4}\times\dfrac{2}{3}\times\dfrac{1}{2}=\dfrac{1}{4}$	$\dfrac{3}{4}\times\dfrac{2}{3}\times\dfrac{1}{2}\times\dfrac{1}{1}=\dfrac{1}{4}$

よって　$1\times\dfrac{1}{4}+2\times\dfrac{1}{4}+3\times\dfrac{1}{4}+4\times\dfrac{1}{4}=\dfrac{5}{2}$

答　$\dfrac{5}{2}$

確率
ジャンプ！

1 ▶ 箱Aには赤玉3個と白玉6個，箱Bには赤玉2個と白玉8個，箱Cには赤玉3個と白玉8個が入っている。

(1) 箱A，B，Cから無作為に箱を1つ選び，その中から玉を1個取り出す。その玉が赤玉であったとき，はじめに選んだ箱がAである条件つき確率，Bである条件つき確率，Cである条件つき確率をそれぞれ求めよ。【各10点，合計30点】

(2) 箱A，B，Cの中の玉をすべて1つの箱Dにうつし，よくかきまぜた。箱Dから1つ取り出した玉が赤玉であったとき，その玉がもともと箱Aに入っていた条件つき確率，Bに入っていた条件つき確率，Cに入っていた条件つき確率をそれぞれ求めよ。【各10点，合計30点】

2 ▶ あるウイルスの検査方法は，そのウイルスを保有する検体を90％の確率で陽性と判定し，ウイルスを保有しない検体を80％の確率で陰性と判定する。全体の3％がウイルスを保有しているとされる検体の集まりの中から無作為に検体を1つ取り出して検査したところ，陰性と判定された。この判定が正しくない（この検体がウイルスを保有している）確率を求めよ。ただし，この検査の結果は，陽性と陰性の2種類であるとする。また，答えは確率を％で表したときの小数第2位までの概数で書け。【40点】

点

点

点

答えは次のページ 👉

1 (1) はじめに箱 A を選ぶ事象を A とし，同様に事象 B, C を定める。取り出した玉が赤玉である事象を R とすると，

$$P(R) = P(R \cap A) + P(R \cap B) + P(R \cap C)$$
$$= P(A)P_A(R) + P(B)P_B(R) + P(C)P_C(R)$$
$$= \frac{1}{3} \cdot \frac{3}{9} + \frac{1}{3} \cdot \frac{2}{10} + \frac{1}{3} \cdot \frac{3}{11} = \frac{133}{495}$$

よって　$P_R(A) = \dfrac{P(R \cap A)}{P(R)} = \dfrac{55}{133}$，同様に　$P_R(B) = \dfrac{33}{133}$，$P_R(C) = \dfrac{45}{133}$

答　$P_R(A) = \dfrac{55}{133}$，$P_R(B) = \dfrac{33}{133}$，$P_R(C) = \dfrac{45}{133}$

(2) 箱 D から 1 つ玉を取り出すとき，箱 A にあった玉を取り出す事象を A とし，同様に事象 B, C を定める。箱 D から取り出す玉が赤玉である事象を R とすると，玉は全部で 30 個であるので

$$P(R) = \frac{3 + 2 + 3}{30} = \frac{4}{15}$$
$$P(R \cap A) = P(A)P_A(R) = \frac{9}{30} \cdot \frac{3}{9} = \frac{1}{10}$$

よって　$P_R(A) = \dfrac{P(R \cap A)}{P(R)} = \dfrac{3}{8}$，同様に　$P_R(B) = \dfrac{1}{4}$，$P_R(C) = \dfrac{3}{8}$

答　$P_R(A) = \dfrac{3}{8}$，$P_R(B) = \dfrac{1}{4}$，$P_R(C) = \dfrac{3}{8}$

2 取り出した検体がウイルスを保有する事象を A，検査で検体が陽性と判定されるという事象を B とする。A, B の余事象をそれぞれ $\overline{A}$, $\overline{B}$ と書く。問題文より，

$P(A) = 0.03$ ……① 　　$P_A(B) = 0.9$，　　$P_{\overline{A}}(\overline{B}) = 0.8$　である。

求める確率は陰性判定のときウイルスを保持している確率なので

$$P_{\overline{B}}(A) = \frac{P(A \cap \overline{B})}{P(\overline{B})}$$

である。ここで，

$$P(A) = P(A \cap B) + P(A \cap \overline{B})$$

であり，

$$P(A \cap B) = P(A)P_A(B) = 0.027$$

（……②）なので

$$P(A \cap \overline{B}) = 0.03 - 0.027 = 0.003$$
……③

また，$P(\overline{B}) = P(A \cap \overline{B}) + P(\overline{A} \cap \overline{B})$ であり，

$$P(\overline{A} \cap \overline{B}) = P(\overline{A})P_{\overline{A}}(\overline{B}) = 0.776 \quad (\text{……④})\ \text{なので}$$
$$P(\overline{B}) = 0.003 + 0.776 = 0.779 \quad \text{……⑤}$$

よって，$P_{\overline{B}}(A) = 0.003 \div 0.779 = 0.00385\cdots$

答　**0.39%**

	B (陽性判定)	$\overline{B}$ (陰性判定)	計
A (ウイルス保持)	$P(A \cap B)^{②}$ $= 0.027$	$P(A \cap \overline{B})^{③}$ $= 0.003$	$P(A)^{①}$ $= 0.03$
$\overline{A}$ (ウイルス非保持)	$P(\overline{A} \cap B)$	$P(\overline{A} \cap \overline{B})^{④}$ $= 0.776$	$P(\overline{A})$ $= 0.97$
計	$P(B)$	$P(\overline{B})$ ⑤ $= 0.779$	1

監修者紹介

牛瀧　文宏（うしたき　ふみひろ）

1962 年兵庫県生まれ。大阪大学理学部数学科卒業。同大学院博士課程修了。理学博士。現在，京都産業大学理学部数理科学科教授。啓林館の高等学校数学教科書の編著作者。『これでわかる！パパとママが子どもに算数を教える本』（メイツ出版，監修），『小中一貫（連携）教育の理論と方法—教育学と数学の観点から』（ナカニシヤ出版，共著），『初歩からの線形代数』（講談社）など著書多数。

三田　紀房（みた　のりふさ）

1958 年生まれ，岩手県北上市出身。明治大学政治経済学部卒業。代表作に『ドラゴン桜』『インベスターZ』『エンゼルバンク』『クロカン』『砂の栄冠』など。『ドラゴン桜』で 2005 年第 29 回講談社漫画賞，平成 17 年度文化庁メディア芸術祭マンガ部門優秀賞を受賞。現在，「ヤングマガジン」にて『アルキメデスの大戦』，「グランドジャンプ」にて『Dr.Eggs ドクターエッグス』を連載中。

NDC411　　　78p　　　21cm

新学習指導要領対応（しんがくしゅうしどうようりょうたいおう）（2022年度（ねんど））

ドラゴン桜式（ざくらしき）　数学力ドリル（すうがくりょく）　数学Ⅰ・A

2022年　5 月 16 日　第 1 刷発行
2024年　7 月 22 日　第 3 刷発行

監修者　牛瀧文宏（うしたきふみひろ）・三田紀房（みたのりふさ）・コルク・モーニング編集部（へんしゅうぶ）

発行者　森田浩章

発行所　株式会社　講談社
　　　　〒112－8001　東京都文京区音羽2－12－21
　　　　　販売　(03)5395－4415
　　　　　業務　(03)5395－3615

KODANSHA

編　集　株式会社　講談社サイエンティフィク
代表　堀越俊一
　　　　〒162－0825　東京都新宿区神楽坂2－14　ノービィビル
　　　　　編集部　(03)3235－3701

印刷所　株式会社　KPSプロダクツ
製本所　株式会社　国宝社

新学習指導要領対応（2022年度）

ドラゴン桜式　数学力ドリル　数学Ⅱ・Ｂ・Ｃ

栄光をつかんだ先輩たちにつづけ！

牛瀧文宏・三田紀房・コルク・
モーニング編集部［監修］
A5・120ページ・定価880円

新学習指導要領対応（2022年度）

ドラゴン桜式　数学力ドリル　数学Ⅲ

12日間で基礎力アップ！

牛瀧文宏・三田紀房・コルク・
モーニング編集部［監修］
A5・80ページ・定価880円

ドラゴン桜2式

数学力ドリル
中学レベル篇

好評だった
数学の基礎体力鍛錬ドリルが
現行カリキュラムに対応して復活！
先輩たちが使った頃より見やすく
使いやすくなった。
龍山高校の生徒たちと一緒に
中学数学の総復習をしよう。

牛瀧文宏・三田紀房・コルク・モーニング編集部［監修］
B5・142ページ・定価1100円

ドラゴン桜2式

算数力ドリル

好評のドリルが復活！
基礎的なことをくり返して
数と仲よくなれば
一生使える数の感覚が身につく。
オリジナル算数パズルも掲載。
子どもの自習に
親子のコミュニケーションに
中高生の復習に
大人の脳トレに。

牛瀧文宏・三田紀房・コルク・モーニング編集部［監修］
B5・110ページ・定価990円

表示価格には消費税（10%）が加算されています。　　　　　　「2024年6月現在」

講談社サイエンティフィク　https://www.kspub.co.jp/